catch

catch your eyes；catch your heart；catch your mind……

catch 204
明白學

作者：王俠軍
責任編輯：繆沛倫
美術編輯：一瞬
法律顧問：全理法律事務所董安丹律師
出版者：大塊文化出版股份有限公司
台北市105南京東路四段25號11樓
www.locuspublishing.com
讀者服務專線：0800-006689 TEL：(02) 87123898　FAX：(02) 87123897
郵撥帳號：18955675　　戶名：大塊文化出版股份有限公司

總經銷：大和書報圖書股份有限公司
地址：新北市新莊區五工五路2號
TEL：(02) 89902588（代表號）FAX：(02) 22901658

初版一刷：2014年1月
定價：新台幣280元

ISBN 978-986-213-499-3
Printed in Taiwan

明白學

給困在職場中的創意人的八個備忘錄

王俠軍——著

目錄

自序——

小方桌的明白

學校畢業後總想能學以致用，無論是順遂也罷違逆也罷，藉與實務的碰撞或磨擦，都能將所學的理論因證實而成為身心印象深刻的知能。

學電影讓人心虛，全是紙上談兵，有那麼一點小自信，也全都是靠著一堆自己自修來的導演名字所支撐，不堪一擊；眼高手低，基本上這是文青的特質，花拳繡腿，很正常，自己也意識到面臨現實的不足。

在社會做了一兩年簡單的事後，又好像什麼都能幹了似的，因為老手在一塊，過不了的會有人幫忙推一把，久了覺得自己也是老手似的，其實只是一知半解。

因緣際會，二十四歲我到南部做房地產代銷的工作，正確地說是學習，因為從來就沒接觸過，白紙一張，由於合夥生意，人手少並為節省開支，每個人身兼數職，就任務分配我得負責企劃文案和美工設計的事務。

當然戰戰兢兢，為自己那半生不熟廣告企劃和美工設計的經歷感到七上八下，於是盡可能找資料快速惡補，不管好壞，從別人的範例，分析歸納總結，希望能理出些規律，從開始的生澀不安到駕輕就熟，其實只要用心，幾個月下來，及格沒問題，當然不能就此滿足，務必要精益求精。

不知不覺一年過去了，突然驚覺這不是我的本行所學和抱負，書寫美工從來就不是自己的選項，繼續走意思不大；而如果就此下去，這二乘四尺見方的桌子就是我年輕雄心壯志的戰場，這還得了，心中頓時氣壓低迷烏雲密布，深恐青春和熱血將在A3大小的紙張逐步泛黃降溫。

我做了三年，不是對這份工作，而是對當時不夠踏實的行業生態說再見。這三年中感受到能量氣韻的積累和視野胸襟的開闊，雖然是生澀上陣，但期許自己絕不模倣抄襲，半年後有了感覺，並倒吃甘蔗般漸入佳境，全拜有個正面的心境看待工作之賜。

除了以好心情咀嚼工作的滋味，也一絲不苟端坐在辦公桌前勞作，將喜愛電影古典多元的興味，即關注美學、社會和人性面向的議題探討，轉換到眼前的工作上，也就在紙上進一步認識了畫面布局美感的張力因果、理解詮釋重點的感性溝通和喜歡文字幽深的闡釋力度。而對故事情節、影像節奏的創作渴望，於日後看到更多適當的出口。

當然其間不只是桌上單純的工作，行業內形形色色的人事物的必要周旋，更讓人神情豁然開朗：企劃案的創意撰寫，如同編導，主題論述及表達方法務必引人入勝；構想的可行性、預算的合理性、成效的把握度，在簡報時一一被檢視挑剔。初期難免丟三落四創意不足，而當場飽受難堪和挫折，有了這刻骨銘心的教訓，你的神經變得更敏銳，下回的報告和攻防就會更嚴謹而周延，這是專業上的進化。其他如印刷的交涉，所謂單色四色印刷、紙張磅數厚薄、銅版模造肌理、刀令單位的多寡等的區別和之後登堂入室至印刷廠後，了解分色製版、派報分裝、書冊裝釘以及如何一天即可趕出五萬份全開海報的可能性等等——一張海報學會了合理談價的技巧，因為清楚了廠商的成本結構而讓工作順利圓融地完成，舉一反三靈活運用，平面的單一陳述更有了立體的豐富視野，做事開始有把握。其他如看板、樣品屋、促銷活動演藝人員等的聯絡、洽商、談判、發包、跟催等極像製片統籌張羅的工作，也像工藝的學習，享受工作，勤奮勞作，而神經活絡技巧熟練。

小方桌可展開的格局，端看你如何欣賞工作並在每個細節做好把握和審思。其實無論什麼工作行業，挑戰的邏輯架構和處事的態度要求是大同小異的，而其內容的變化是絕對學不完、看不完的。把事情做得漂亮需要幾個特質：一是周延性，考量事情一定要全面，兼顧裡外；二是原創性，找到事半功倍的方法。如果能鍛鍊這兩個做事特質的邏輯和習慣，雖不情願但可接受的小文案小美工三年義無反顧的投入，不知不覺在自己身手深植了長遠難以抹滅創作的自信、勞動的耐力和創新的熱情。

找到心儀的工作當然可喜，但若有些出入，無妨，給自己三年的時間，只要不是做奸犯科，帶著健康正確的價值觀，行行出狀元，只要全力以赴，三年後，必然脫胎換骨，小方桌也能鍛鍊搜尋藍海的真本事，此時的能量能釋出膽識帶來自在；畢竟這也是不同形式的學校，只是它更聚焦，有錢可領又可鍛鍊有對抗性的專業身手，讓你的眼光更明亮，抉擇更精準，如此明白，何樂不為。

或許時有低潮，丟了辭職單覺得鬆了口氣，這時要提醒自己，「這裡做不好，到那裡都一樣」！好好端詳當下你工作的美好本質，絕對興趣盎然，本書即以這樣的體驗，敘述、分享玻璃之外另一個從學子時期即不是選項的瓷器故事和其中的思維及倫理。

第一章

想明白

所為何來？即使是理想，也總要有個對價關係作為投入的評估。五十歲後這算盤不好撥，商人用金錢多少、選手用時間快慢、學生用分數高低、作者用作品好壞……計較每天的努力，而怎麼衡量新的冒險呢？還沒想就大膽闖進，一切都來不及了。

五十四歲那年，我用十噸泥土開始另一個生命旅途，這是深藏心中多年的召喚，終於有機會回應並且啟程。

如同三十年前走進玻璃的世界一般，這次又是要闖入一個完全陌生而被遺落的戰境。戰境是我現在的說法，從歷史看來其實這裡未曾有過戰事，沒有人跡，它是荒蕪的，被遺忘忽略甚久了，因為在人們心中那是塊禁地。

真想明白，這種從年輕一再重複撲向陌生創作領域的習性，甘願從零開始，一點一滴學習、積累的天真，並不顧代價進行執迷於工藝挑戰的頡頏傾向，到底有沒有衝動基因作祟？是不是有輪迴的天命、魔咒般總習慣性地帶你走向人煙罕至的路？藉此書寫時的追憶，想必能梳理出個答案。

一千八百年的高度挑戰

瓷器這一行，不談代工廠，就傳統工藝和其產業的長期觀察，對它們的式微以及和文化、時代意象脫節的產品發展，自然會有所感嘆，當事人當然有許多主、客觀無法或不願創新跳脫改變的現實因素，那是好不容易經年累月打拚所營造出來的安穩平靜生存環境和條件，任誰都不願意輕易改變，但如今普遍陷入經營困境是事實，沒有藉口。

過去常說選錯材入錯行，現在競爭激烈，汰舊換新的週期愈來愈短，如若不及時有所改變，這句話勢必常要掛在嘴邊聊表無奈；而我們這類事不關己、搞創意不搞生產的旁觀者，卻發現無論從美學、文化還是生活的角度來看，還有許多創作上和市場上的空間沒被填滿而躍躍欲試，其中永遠跟不上時代腳步變換其形式和神態、永遠表現慢半拍的，以我們偉大的民族工藝瓷器，尤其嚴重。

於公，是文化是民族的尊嚴議題，產業絕對要進化，要永續文化的高度；於私，那是產業也是創意的利多機會，競爭力要長保領先，以眼前的現狀而言，瓷器是需要好好使力。

當局者是迷，或是無奈？想必都有。

入行開始是生疏的，經營產業有許多人、事、物上如影相隨的不安壓力，經過一段時間運轉磨合，逐漸熟悉，幸運的話，有利潤並找到了某種方方面面都能滿意的均衡狀態，壓力即得到紓解，此時容易形成耽溺於現狀的慣性，平平穩穩也就滿足；況且，產業像馳騁道路上的大貨車，任意變換方向，大費周章，得小心翼翼。

只是，難得有所謂的獨門生意，只要有市場，難免後浪排山倒海跟進而來，平靜的好日子很快就過去，競爭的壓力四面楚歌。年輕時，自己一直是產業的局外人，畫畫圖乾過癮，總是看到產品有許多可再加值的空間；但果然隔行如隔山，當初沾沾自喜積極想在創意、製作、行銷好好大顯身手，一旦入了行，才發現現實有許多面向是相互折衝拉扯的，讓你不得不妥協，顧前又顧後，而止步於某些大變革前。

我們的傳統工藝創造了許許多多精美優雅的物件，無論是運用什麼材質，在這祖輩遺留厚實而豐富的資產，都可以看到巧奪天工萬能的勞動雙手、承先啟後脈絡的風格掌握、發揮材料天性的運用智慧、掌握幸福符碼的創意巧思、一絲不苟堅毅的工藝倫理等等美妙元素後，自然讓人與有榮焉，因為我們都有著共同的基因，然而驚覺到百年來原地踏步的荒廢怠惰時，大家都著急起來。於是有關精品出路、品牌塑造、文化產業等各式論壇、研討會、博覽會接力賽般一棒接一棒地舉行，畢竟這個民族在一百六、七十年前曾經主導過世界精品風潮數百年之久。

《考工記》（註）寫道：「天有時、地有氣、材有美、工有巧。」是的，過去不可得，未來不可知，機會全在當下進行式中潛行，在眼花撩亂變化快速的進程，真知灼見不足以了結，唯有把握行動，才能揭開時間內隱藏的天機。

時空意象日新月異，美感經驗層出不窮，價值觀點不斷變遷，製作條件一日千里，瓷器的形式也該有其與時代環境、文明意識共生共榮的合理狀態。它要進化，是時候了，這千百年不變的舞台，此時此刻該上演一齣與時俱進的新戲碼。

三十年前我曾因來自法國玻璃文鎮的細緻美麗和謎幻光影，而投身於陌生玻璃藝術的學習與創作。這次該說時候到了，深埋二十餘年的想望有了機緣的改變，大環境兩岸發展的條件、個人的經驗、文創的風向、加工廠迫切

註：《考工記》是中國現存最早的一本工藝典範，書中保留大量先秦的手工業生產技術及工藝美術資料。一般認為它是春秋戰國時代經齊人之手完成的著作。

轉型的機會等，在此天時下，期許尋找瓷器當代應有的風采和意涵，在空間站出它該有的時代身段，在時間留下它合宜的今日風格。

從過去玻璃藝術的入行經驗，我發現若要從創作到製作銷售一手包，實在過於費力費時費神，這次投入瓷器領域，我的如意算盤是找人代工，產銷分開，自己則單純專心在原創設計和行銷策略的規劃布局上，總憧憬有個高端而現代的瓷器作品和品牌從東方、它的原鄉再崛起。

但是花了三年的時光，一路從台灣、日本、大陸、東南亞，甚至歐洲，走訪了一百多家水平和規模都符合我心中對品質和產能要求標準的工廠，然而看了我的設計圖後，全世界的答案竟然都是否定的，說我這些外行人天馬行空的想像是不可能實現的夢想，這情節完全像三十年前玻璃故事的翻版，找人代工又成了夢想。

面對瓷土於高溫瓷化過程將發生百分之十五高比率的收縮和軟化的現象，以至於這些異於傳統渾圓封閉筒狀腔體的造型設計，都將扭曲變形而失敗……廠家的說法，等於對牛彈琴，當時對瓷器我就是一張白紙，在似懂非懂、半信半疑的情況，還是拿了些錢，一路懇請廠商幫助打樣——多數都是拒絕，因為以他們的經驗和理解，這些設計是無法完美呈現的，碰都懶得碰，好說歹說偶爾遇上願意嘗試的少數廠商，但結果除了石沉大海不了了之沒下文外，就是拿出不成樣兒東倒西歪癱成一團的瓷器樣品交代了事，當然還有為了日後驗收時容易過關，石膏原形階段就做得不細膩精準，遇到這種心態的只有立即作罷，別浪費時間勸說，企圖改變廠家做事的心態。

其實我設計的這些圖稿除了不是筒狀腔體造型外，其實也不複雜，但這一點點有著平面、直線的小改變，似乎要了全世界瓷器廠的命，每個人都逃之唯恐不及，即使承諾若雙方合作，將來一定包下一兩條生產線全年的產能，也沒人敢嘗試。

時空來到一九九四年的年初，離開琉璃工房之後，我在北投成立了一個小小的設計工作室，開始著手進行玻璃、瓷器和家具的設計與研發。

象牙塔內的白日夢

該年二月，透過香港設計師陳幼堅的引介，我和友人滿心期待出現在日本金澤市Nikko廠的會議室裡，希望Nikko能成為我高品質瓷器的代工廠，製作多年來所繪製的設計，這是我的第一次出擊，要好的品質，當時在亞洲日本當然是首選，更何況Nikko是著名的大廠，更讓人放心。

但四個紙製的模型攤在桌上，負責接待的業務經理始終緊鎖眉頭一臉困惑，手持著我所做工整的茶具紙模翻來覆去地端詳，口中唸唸有詞，不停地表達難做，不可行等等；我心中自然不悅，事前通過傳真都看了設計圖，並也來來回回說明和討論過了，如果答案是這樣，何必大費周章老遠跑這一趟，浪費彼此的時間。

十七世紀時，日本對中國瓷有著強烈的憧憬。當時他們的燒造技術遠遠不如中國，故常以紙張裁出形狀或手繪圖稿送往中國訂製；要給官窯燒是絕不可能的，但即便訂單下給了景德鎮周邊的民窯，就算帶著素樸逸趣的缺陷美感，還是深受日本茶人喜歡。

如今，時空變遷，角色轉換，卻是我站在這裡。

不久，經理建議我們不妨先參觀工廠的作業流程，雖然是走馬看花，偌大的工廠也花了一個小時才走完，不到三十人的生產線，幾乎是全自動化作業，它們有效地製作高品質但造型一般的日用餐具，多半是白色，即使彩色的產品，也用蓋印章的快速方法，而非人工一個一個張貼花紙生產。回到會議室，經理說，你都看到了，我們幾乎是機器自動化生產，你的設計必須全手工製作，我們真的愛莫能助——這是什麼話，我心裡暗暗嘀咕，工廠就是什麼都能做的地方。

基於一方面我遠道而來，一方面或者感到沒有合理的答案，我會賴著不走吧，他請社長下來。但社長又針對不同的模型說了一堆事——這個平面會因為瓷土高溫收縮而產生凹陷，產品就不美了，絕對不是你想要的；這樣的提耳也會因為高溫柔化而變形，到時無法使用，做了也是白做……倒是如果有一天能做成，我們絕對樂意在日本代為銷售——相信誰都能聽出他對這件事的判決。

從台北飛來不是來聽這些潑人冷水的話的，想到還有許多諸如此類的設計和盤據心中多年一廂情願對瓷器的理想，覺得自己像是白忙一場。這第一次和專家的對談，雖然並不能百分之百了解有關製作的說法，但心情上已是像洩了氣的球，難道醞釀多年的嚮往，真的是場象牙塔內的白日夢？圖稿不也是廢紙一堆？很快的，雖然沒說出口，但當下我情緒上的結論是大公司對小單沒興趣，早說不就得了，至於那些不是很了解工藝問題的說明，我全當推託之辭。社長最後誠懇地希望我留張圖，他設法找依然採用手工生產的下游配合廠商試試，但不是承諾，就別抱希望，留了張圖也就悻悻然打道回府。

時間回到上世紀七〇、八〇年代，設計開始變得有意識和自覺的時期，看到由亞力山卓麥狄尼（Alessandro Mendini）、埃托索特薩斯（Ettore Sottsass）、麥可葛瑞夫（Michael Grave）等一干元老級建築師所領軍，阿基米亞（Alchimia）和曼菲斯（Memphis）設計流派帶有裝飾藝術（Art Deco）和普普藝術（Pop Art）基因的產品，其中有許多色彩鮮豔的陶瓷作品，前衛造型、誇張尺寸，充滿異想天開活潑的童趣，尤其那些異樣又別開生面的茶壺、花器設計，相較於當時市面上傳統優雅的茶具、規矩的花瓶組，那些物件更展現了對生活情趣、細節探索的積極企圖。外在，它們改變了桌上的景色，強烈地散發朝氣蓬勃、活潑熱情的實驗氛圍，配合匠心獨具的功能設計，讓人看到生活還有其他有趣的變化；內在，它們藉創意啟動你品味深刻多元的生命意涵，不禁生起「生活當如是」的懸念。因此，東方風情新生活風格的藍圖逐漸在我心上顯影。

生活舞台不能老是同一幫人表演，它不斷需要新的物件演員來表現、詮釋存在的況味，做為生活導演的我們，即從這些新血輪所展演的不同形式和意象，再次體驗生鮮、咀嚼新意、反思時空、享用當下；新的美好而適切的物件，除了以新氣氛帶來愉悅體驗，也改造長久慣性、流程儀式的呆板，新的舉止必然帶出感官神經活絡的振奮。就在這份逐漸成形的設計思維，我開始畫下這種主張下的圖稿。但如今與Nikko一見，一切都成了泡影。

曼菲斯的作品雖然不是百分之百的精準，但依然具有有模有樣的幾何造型及斜伸出去懸空龐大的壺身等多樣化造型，這又是怎麼來的？不就都是陶瓷嗎？不也是高溫燒製？當時我要的是攝氏一千三百度全瓷化的成品，就是瓷土完全密緻化燒結的不朽品質。

受到阿基米亞和曼菲斯設計流派帶有裝飾藝術和普普藝術基因的商品影響，我思索著瓷器產品可能出現的新設計思維，開始畫出大量與傳統造型大異其趣的設計圖稿。

往日本同時，我也往陶瓷產業曾經風光一時的鶯歌、桃竹苗地區跑。這時台灣陶瓷廠已大量外移，產業斷層嚴重，年輕人不再投入生產製作的行列，由於急於找答案，就和一些小作坊打交道，花了不少代價，但都沒結果，四個月後，當年六月因緣際會又再做玻璃，成立「琉園」。

一日，突然收到一個包裹，打開一看，愣著了，長年躺在A3紙上的設計圖像竟然以瓷的材料首次呈現在眼前，一隻精確、時尚、優雅的杯子發著夢幻般自信的光澤，在一連串毫無頭緒的挫折迷離中，它鄭重地宣布了正面而肯定的謎底，洩了氣的希望又鼓漲起來，幾乎崩塌的嚮往再度聳立，從杯子色澤意象看到明亮的未來希望，所有被判極刑的設計圖紙有了平反的可能，令人激動不已。

半年前，Nikko那模擬兩可的會議結論，你從不當一回事忘了，卻有人認真而悄悄地，為一個遠方陌生人的疑難雜症盡心盡力尋找解答，而且分文不取，相對給錢給訂單，試都不願試著挑戰的對比，日本人所做的耐人尋味示範，的確是值得咀嚼的人生態度，傳統產業的式微顯然多半要自我檢討。

除了寄來的一個杯子外，旁邊同時有四個不同形狀的精美瓷片，這是托具，要完成這些設計圖，好比蓋房子，必得在泥坯周圍搭起適當的鷹架，用以支撐或圍住來防止瓷器於高溫燒製時走樣變形的情況，而鷹架的設計和製作一樣得精準而細緻，那得不厭其煩一絲不苟地一一單獨開模製作，相較於一般傳統造型，要完成這些新形的設計，工程複雜繁瑣許多。

此時，我正如火如荼地進行玻璃的創作，瓷器的思路只得暫緩，但心中篤定而有了譜了。想做的瓷器不再純粹是一個夢，所有的焦急都在此時獲得稍緩漸歇的平靜，知道此路可行，只要風來，抓住氣流，就能上升飛颺。

八千年的文化風格創意鴻溝

二〇〇三年時我成立了「八方新氣」，期許以時代的意象和觀點，重振民族工藝的昔日榮景，並為歷史留下民國後時代的殿堂印記。

公司一成立，內人靜君即帶著原始成員馬不停蹄再度遠赴日本，這回轉到名古屋和瀨戶一帶日本重要的瓷器生產地區，繼續尋找高品質生產的合作伙伴，同時也在台灣各處尋覓合作的可能，總覺得天下代工廠何其多，不怕找不到，但是狀況和下場還是相同，不覺半年過去了。相對十年前，這時台灣陶瓷產業更形萎縮蕭條，幾乎連根拔起，於是我開始將腳步伸向大陸、東南亞甚至歐洲。

經過這番折騰，也看到了打樣前被警告的問題和出窯後發生狀況的比對結果，對一再被提醒所謂的收縮扭曲、軟化變形、應力龜裂等現象終有了刻骨銘心的認識，又進一步明白陶（ceramic）、白雲土（earthware）、炻器（stontware）、骨瓷（bone china）、瓷（porcelain）之間天差地別的不同。白雲土燒結溫度低，甚至不足一千度，泥坯未全面瓷化，顆粒粗硬度小吸水大，久了表面釉彩容易剝落，由於收縮比低、約僅百分之五以下，形制不容易變形，溫度低軟化亦不顯著，懸浮設計不至於坍塌扭曲，曼菲斯就是屬於這類無法耐用的材質或是陶燒成的；而級別最高的全瓷，從泥坯到成品中間會發生上述所說驚天動地的改變，這也就是瓷器為什麼雖然已有近兩千年的發展歷史，而且已發展出多樣的製作方法，但它的造型永遠只在那同心圓的主軸上打轉徘徊的原因。

面對材質的宿命和製作成功率的考量，每當碰上與時俱進的美學思潮，例如十九世紀末的新藝術（Art Nouveau）或上世紀二〇年代開始的裝飾藝術，它都採取裹足不前扭扭捏捏的守勢，全世界從建築、室內、傢具、日用品等都在興高采烈地改頭換面體驗、參與、表現文明進化的美麗，木材、金屬、玻璃等材料無不爭先恐後同步地變裝參與這些屬於當下的時尚盛宴，唯獨瓷器這與人類生活最親密、最全面、最久遠的材質竟做了壁上觀。

簡單說，瓷器可不可以有時也能少點圓融親切的社交優雅，少點婉約溫馨的大眾風情，少點宮廷繽紛的矯飾華貴，一如十九世紀末工藝革命所倡導小眾化、個性化、多樣化的產品訴求，不要總是楷書、四平八穩、保守規矩、一目了然、老少咸宜，而是一點行書、一點草書、情感豐沛、活力十足，展現出更多不同的生動意象，以及由內而發的氣韻風采，讓現代人能更自由自在地從中感受與體會時代的脈動，並找到屬於自己灑脫深刻的語言和風格。

以電影當作比方，好萊塢是有其本事，富麗堂皇的製作、異想天開的劇情、眼花撩亂的變化、皆大歡喜的結局，果然讓人當下開懷不已，但散場也就忘了，甜美表象純粹娛樂，畢竟亢奮一時，甚少沉澱反芻；而歐洲沉緩的文藝電影，表現雖只是平實的人間情誼，但所詮釋生命幽深的人性糾葛和關懷，其蒼勁的現實感令人刻骨銘心難以忘懷。

瓷器的生命，應該也可以多面向的再塑造，不要只是好看的「花瓶」。但為什麼千百年來都不見綻放異樣的姿態呢？其中必然有不得已的隱情。從根本了解種種瓷土的特色與局限之後，我這門外漢此時才總算明白，這些言而輕鬆的想法對祖祖輩輩傳下來的瓷藝卻像是異質性的衝擊，而自己想跨的竟是如此高不可攀的門檻；若從瓷器開始成熟發展的時間來看，東漢末年至今，那是挑戰一千八百年工藝的高度，若從中華文化器皿形制演進的歷史，那是八千年文化和風格創意的鴻溝，談何容易？明白了這一點之後，對先前毫無成果的探索、付出和被拒於門外的困厄也就釋懷。原來如此，就當是學費吧！但若因此而改變設計，那是回頭路，不符我此行的意義和目的，然而繼續如此求助於外，似乎也不是辦法，自己幹？憑什麼？不要說從零開始吧，你都可以感到闖入這塊材質敏感禁區的代價，絕不是我所能負擔的。

想想瓷器千百年來的猶豫，想必其間絕對有許許多多前人在面對瓷器表現的不足，而自覺必須革新的掙扎心思，而終於理智地放棄了，或半途而廢，再重回到大做表面文章傳統繪彩的粉飾創意中；肯定有其難以撼動的障礙，令人止步。但曾經有人來到了那個戰境了嗎？結果呢？我無法不去思索這些現實因果，而令人擔心的是若對瓷器美麗新世界的嚮往過於強烈，萬一擦搶走火，任性而膽大妄為起來，衝動的後果將會是什麼？我有能耐再去解開瓷器千百年不變的美麗嗎？腦中一片渾濁不明雜亂的景象，難以理清，但Nikko捎來的光澤不時在我心中發亮。

幸而大家對設計圖有信心，Nikko 社長也證實了它們的可行性，於是伙伴們即帶著期待全力以赴、日以繼夜地再度世界走透透，一路苦口婆心，引頸期盼可長期攜手合作的代工廠。

再找安身立命的理由

二〇〇八年趁赴法蘭克福年度禮品展拜訪廠商之便，我順道經曼谷，洽談了三家最著名的瓷器廠，答案還是一樣，都說可行性太小，不敢接這前所未有的挑戰。而法蘭克福春季精品展，所有大廠幾乎都到齊，靜君和筱杰選了十餘家著名的廠商，洽商代工事宜，但看了名為《愛妃》茶具組杯子的設計全搖頭，提耳從杯子內側向外伸出，再繞回到杯身，這是不可行的；接提耳附件時，泥坯雖狀是軟的，但不可使力彎曲，這樣的設計稍有誤差即無法準確地接合到位而報廢，這需要異常精確的整形作業，太難了；其他圖稿更不用談了，四天下來毫無結論，心情和室外零下五度的天氣一樣冰冷凍結。

另一支隊伍也從沒閒著，從華北一路南下，唐山、淄博、上海、福建、江西、潮汕，大江南北走走停停七、八個月就過去了，依舊如此無望。

皇天不負苦心人，其間終於有個工廠位於東莞的台商，可憐於這份瓷器革新的傻勁和壯志，答應嘗試合作，開始了「八方新氣」生活用品茶具、水果盤、盒類的正式生產，雖然是小作品，還是一波三折難產，經半年的調整溝通，我們有了些很不錯的產品。

但約莫再過半年，因為成功率偏低，工廠實在不願再繼續接訂單了，這時我們陷入了所謂頭洗了一半的尷尬。名為《瓷航——王俠軍的新大陸》的展覽剛辦過，對外也宣示對瓷器的期許，不久仁愛路上的第一家店也開張了，反應也不錯，如此一來，「那麼自己幹吧！」的心聲再度浮上心頭。雖然知道這念頭遲早要喊出來，但早已有意地將它壓抑在幽遠深沉的意識裡不願去碰觸。如今這個隱憂提前引爆了——好不容易找到有水準願意做的唯一工廠，卻又打了退堂鼓，讓人措手不及。

從工廠生產日報表的記錄看出，成功率真的太低，曾經有個狹長方形的水果盤，灌了四百多個泥坯，卻只燒製成功三件，有些誇張，但事實是如此，一半在灌漿拆模時泥坯即龜裂，補也補不了，而燒又有燒的問題產生，真的不好做。將心比心，以代工的立場自然是無法再合作下去，更何況一遍又一遍重複沒有成就感的工作，確實打擊了生產線人員的士氣。而我總算證實了也親身目睹瓷器器形千年不變的癥結所在，想到自己將面對這樣折磨人的工程，實在拿不定主意。

長期做工廠，想到種種生產管理上，特別是成功率和人事問題的棘手又磨人的細節，立刻一個頭兩個大，尤其我的設計又常常喜歡藉創意來挑戰工藝，期許在精益求精工藝製程的鍛鍊中發覺、學習新的可能，進而徹底擺脫技術上的束縛，從此可自在揚帆於遼闊的藍海，因此要付出巨大代價是必然的，瓷器這塊總希望由專業來分勞。

做玻璃我從最基本學習過，對產業的生態也清楚，還算是有基礎，遇到問題知道如何或往那裡找答案，瓷器就完全是空白。這些工廠的經營者幾乎都是從小就摸泥土長大的，身經百戰，什麼狀況沒碰過？什麼問題不能解決？現在竟然也踢到了鐵板。

一千八百年材質的高度、八千年造型的鴻溝，果然是深不可測的黑洞，絕對無法讓你來去自由，只有愈陷愈深、眼明手快的趕緊脫逃；但既然都已

左圖為《愛妃》茶具組。當年面對這種不同的設計，幾乎所有代工廠都搖頭，不願承接。

經淪落到這般田地了，總得設法自拔。

這只是初步簡單小品的第一類遭遇，其他難度更高的大件作品設計，恐怕就永無見天日的一天，而這些大件作品又是這趟旅程某種意義上的目的地，它們將是這些點點滴滴小波折最終必要的總結，眼看著就要通過第一關，卻戛然而止。

這三年在搜尋代工伙伴的工作雖然參與得少，但也見識了些場面，對瓷器產業生態有了通盤初步的理解；更明白，唯有從局外人變成當事人，這齣戲的演出才能完整地徹底發揮，因為親身才會有血有肉，才深刻而淋漓盡致。

「天有時，地有氣」，地蘊藏著連綿無盡的文化資源和創意巧思的氣韻能量，它進而培養了我們的眼光、膽識和氣魄，接上了這地氣，我們該有站出豪氣萬丈的身段，來面對這場工藝進化的挑戰；它是不能再等了，那麼誰來做，誰來揭開瓷器美麗的新世界？答案似乎不言自明了。

由於這三年逐漸有了瓷器的基本概念後，膽就壯了，也明白，能與不能，僅態度而已。講到態度，誰沒態度，此時人自然激勵而任性起來，於是五十四歲那年，我再度與過去告別，正式從十噸的瓷土中，尋找另一個安身立命的理由，並作為知天命後的人生註腳。

第二章

說明白

每踏出一步，都得理直氣壯。而要講理的對象就是自己，雖然這是一手遮天偏頗的把戲，但還是要有仔細沙盤推演的過程，以建立一套自圓其說的說法，時而客觀，但多半主觀，自言自語的，無非就是為不確定的挑戰建立信心。

死了心，求人不如求己，下海！

法國電影導演羅伯布烈松（Robert Bresson）說：「不要把奇蹟拒諸門外，要支配日月，讓雷電大作。」這是下海破斧沉舟的心情，徹底而振奮，充滿決戰的霸氣。

支配日月 雷電大作

設立生產基地真是不得不的痛苦選擇，常說「好的開始是成功的一半」，但我此刻下海的基礎卻是近乎零的虛浮狀態；總得有些把握才出發，但基礎是什麼？現在有的只是隔岸觀火略窺瓷器工藝流程的表面零星印象，有那麼一兩次廠家帶著你匆匆逛過一圈工廠，簡單地介紹製作工序、工廠規模、生產設備、人員配置和解說我們那幾件正進行打樣作品的情形……但既然當時從沒打算走到這一步，也就不太留意細節，對陶瓷廠製作生產的印象僅是籠統模糊的；而道聽途說膚淺的陶瓷常識，這更是連邊都沾不上的馬路資訊，絕對經不起考驗；即使是依循過去傳統的起碼產品，也都不知要從何下手，更別說現在要面對新造型的硬仗，最不堪是那一顆無所適從忐忑的不安心情，全世界的老手都不敢碰的燙手山芋，我們憑什麼？眼前正處在裡外條件最低迷的狀況，要面對卻是千百年所堆砌出的巨大障礙，雖然心中無名的憧憬如雷電般強烈，但現實就少了可支配的日月，讓人一點都振奮不起來。

其實該振奮才對，這條航道人煙船隻罕至，其終點更沒人到達過，如果從現在趕緊惡補基本功，早日揚帆「瓷」航，直接迎向這股驚濤駭浪的挑戰，無論如何，成或敗在某種意義上，你也是這道上的領先者，倒也似乎划算……如此自說自話，我逐漸發現自己對人、對事天壤之別的準則差異：對人比較客觀而理性，站在對方的立場，做過多的設想，難免優柔寡斷了；但單單對事，則總是主觀而感性，當機立斷，甚少猶豫。當初，就只因來自法國文鎮的精美，就一頭栽進玻璃的世界，也無視玻璃產業正萎縮的現實，此刻的瓷器又何嘗不是呢？

這心念一轉，就有了高度和態度；好像登高，知道會精疲力盡，但有君臨大地居高臨下的快樂期待，更何況那份知天命後世故的期許，即藉瓷器燒製出時代風格的印記願望，這個想望就立即讓人意識明朗、意志高昂，不再膠著，邁出為喝口牛奶而開始養牛的第一步。終究也只是件苦差事罷了，不至於要人命——有這個底線，膽就來了。

事不宜遲，三位最早加入的伙伴靜君、麗惠、鎮和立即分頭張羅，很快物色了一位曾於陶瓷廠工作多年的主管，開始尋找廠房、採購原物料、訂製設備、招兵買馬。三個月後，二十多位有經驗、沒經驗的工作團隊，在兩百坪的廠房展開既熟悉又陌生的瓷藝探索，以及面對接踵而來的困頓。

美國阿肯色大學歷史系教授羅伯特芬雷（Robert Finlay）著作《*The Pilgrim Art Culture Of Porcelain in World History*》，該書坊間譯為《青花瓷的故事》，你若看了此書必然熱血沸騰，他以世界觀角度探討瓷器在世界歷史扮演的角色，已獨領風騷上千年的中國瓷器如何從三世紀開始，更上層樓嶄露頭角，並持續升溫延續五百年，它以精美征服了全世界的王公貴族，它影響了全球的經濟，也帶動了海上陸上交通的發展，不僅歐洲的黃金，連中南美洲的白銀都要運往中國，採購瓷器、絲綢等精美物品。瓷器當然是大宗，它完全展現了科技、工藝、文化和創意的優勢，其中的白瓷更是最值得稱道的部分，而它的變遷更影響東西方瓷器勢力的消長。令人感慨的是如今從最大輸出國淪為代工廠，再成為最大的消費市場，炎黃子孫想必義憤填膺不已。

相較歐洲粗劣深褐色的陶器，對當時尚不知如何燒製白瓷的歐洲人來說，他們對中國的白瓷簡直驚為天人，稱之為東方白、真珠白，甚至稱「白金」以表其尊貴。而為解開製作白瓷之謎，日本豐臣秀吉出兵朝鮮時，即擄回許多擅於製作精良瓷器的藝匠，而十六世紀歐洲也派遣許多傳教士遠赴德化、景德鎮尋找答案，殷洪緒為最著名的一位，但浪跡瓷都多年，依然不得要領；時值歐洲科學發達，在零星蛛絲馬跡線索中，旋即發現高嶺土為白瓷重要的成分，而除了配方外，還有燒製的方法和技巧的改變，再加上工業革命潮流的興起，引發製作流程的不斷創新，從而奠定了歐洲數個百年瓷器字號快速的成功發展，並後來居上超越了清末以降停滯創新的中國瓷器。

這個白瓷，多讓人懷念，它不僅在意境品味、優雅質感吸引人，更展現其在文化、產業、工藝上獨領風騷的競爭力，它不以色彩而直接以形式的精確魅力征服世界的信心才真教人佩服，的確充滿了精神上的象徵意義。如若想發動瓷器從骨子裡的革命，這其中有許多感性和理性的元素值得萃取與聯

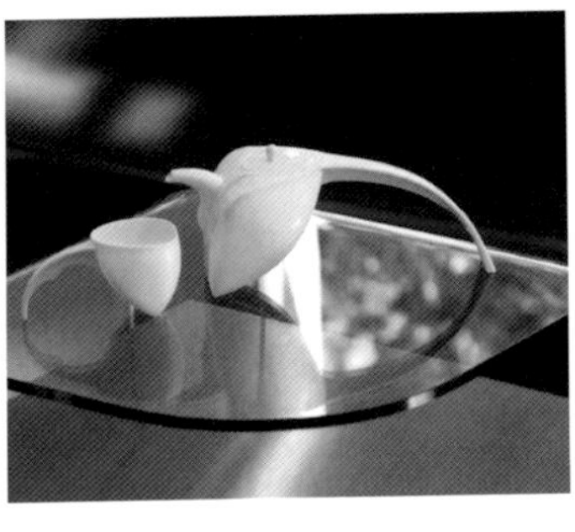

自幾個世紀前以來，歐洲人即對中國的白瓷驚為天人，稱之為東方白、真珠白，甚至稱「白金」以表其尊貴。自然今日要重建東方時尚瓷器新紀元，需從優雅的白瓷著手。

結，一是以當時產業、文化如此的高度和優勢，做為品牌、創作的標準典範，並以此歷史、民族情懷，發揚重建產業榮景為期許；二是承先啟後，藉此純粹色澤、優雅意象、精緻質感來破題，以揭開東方時尚瓷器新紀元，古今映照，就以白瓷拉開今日壯闊、重振昔日雄風。

元代「國俗尚白」，現在何嘗不是？簡約、空靈、自信的時尚氛圍，全藉白色的坦然來建構，曾經香奈兒、亞曼尼的展示空間以大白為底，托出時代都會的俐落和從容，LV、Prada則以高明度的大白門面，標示他們明快爽朗潮流領航者的大氣和信心；再呼應三四百年前瓷器的風華。白，有了現實、感情和美學的著力點。

老子曰「大白若辱」，莊子曰「虛室生白」，前者將白意喻為謙卑的修養德行，大白是包容的胸襟也是謙虛的態度，以禮相待敦親睦鄰，在色澤和現實是如此，它的確大方地襯出其他色彩的顯明和揮灑的空間，自己總是當可靠的背景，全然的利他主義，有若佛法的空，一切雜念化成烏有，全然付出，一塵不染、磊落光明，白色真是境界幽遠，它展現大捨大喜的美德；後者更進一步的詮釋，將白意喻為集之大成無上光明，廣結善緣、蓬蓽生輝，生白是生生不息無限的能量和明亮的希望，只要挪出空間，虛室，開誠布公，接迎四方，即能開拓視野增長見聞，生白亦即大開眼界，進而成就積極地開創參與生命探索的動力，白色成了生理、心理上所該追求的至高而完美的境界，有若宗教般至高無上的聖潔意象。

三十多年前寒冬，在日本白雪皚皚歧阜縣高山市拍攝《一九〇五年的冬天》的情景也不時浮現在我的腦海，戶外開放的均質空間，茫茫失血的舞台，虛室，敞開放空，讓人有侵入打破僵局的衝動，它均質明亮，遞出無拘無束的邀請；在失重的輕快意象下，身心毫無負擔，白，吸引你的參與。

下車，工作人員、道具、器材逐漸進占，粗長的電纜線開始向遠處邐迤，為扁平的舞台勾勒遠近透視的立體白描，演員進入、走位、喊聲……冰冷的舞台開始活化、暖化；生白，豐富多元，它明白地說出演員著裝的時間理由和點明情節變遷的空間背景，此時它的白是隱形的主角，忠實完成該演繹的角色任務，標示清楚每個人的立場定位。

做為視覺，白當然就是配角，它強有力地彰顯演員的輪廓身段；白色的開放包容，一覽無遺，讓異色構組光影，描繪情節，一切變得深刻清晰，襯托你精彩的生活演出；與白的色澤和空間交手，合宜舒爽，有溫度變化的感性，和表態明確的知性，我也在所設計出白的物件中，反覆感受這寧靜致遠的自由自在。

一九八八年一月的底特律，零下二十度風雪狂飛的日子，走出熱烘烘的玻璃工作室，穿過四百公尺冰凍的雪地，向近在眼前又遠在天邊的超市為三餐的採購舉步艱難低頭前進，看著自己在雪地無意識地上上下下，升起浮現，踏下消沉麻痺的腳步，白色被突破踐踏，若辱，它彰顯此刻積極而有節奏的生存感，冰凍的身體，有了溫暖；白的景境，生的律動，靜和動產生對比明確的交融，總湧現熱情的生命力。

於是有了歷史上榮耀的緬懷和文化上明朗的論述的雙重加持，以及現代生活情境的深刻體會，「白」清楚地定位公司成立之後第一階段的基因座標，如此連接的策略是有著精神上莊嚴的高度和創作上水平的要求，卻帶來工藝更多的難度。

如果用「人生如戲」來看待生命曲曲折折的變化時，那些有出其不意高潮迭起的劇情，就應以內容境遇豐富多變的角度珍視它；的確有許多波折是甘願做的，那麼就歡喜受吧！前後情節防不勝防、事與願違的巨大落差，還是有其因果關聯，從如意算盤的找人代工到急轉直下必須下海設廠一事，是知天命後甘願做的使命使然，必須盡力完成，沒有怨天尤人的權利；而從五彩繽紛五顏六色意象動盪的玻璃色澤，到一塵不染純靜無瑕的白色瓷器創作，這口味一百八十度轉變的對比現象，理性上選擇白色是呼應歷史的高度和時尚的走勢，但無論是多元或二元的創作者性格，就這個抉擇心中總覺得其實是一體兩面，當然意境是截然不同，而不變的是想藉這些載體開展生活美學的新視野。

白晝和黑夜最亮的日與月，組合成色澤光度極高的「明」，那是超越明度、質感和觸覺等生理範疇，它有如燈塔於黑暗標地定位，引領新的生活探索。

形容白，有嬌柔恬美的甜白、親切儒雅的米白、理性冷靜的銀白、活潑柔情的粉白，還有光彩耀眼的雪白，而我的作品要的是坦然自在的明白。

色形意、精氣神要完美組合，「明白」的意象和感覺是集合核心概念、創意發想、造型式樣，使每件作品內外一致，文質兼備。「明白」不是大道理，希望由其樸實的態度向地裡扎下深根，以清楚發展創意、工藝和詩意的方向。

藉尋找「明白」的基調，順便練基本功，開始實戰作業，依設計圖樣製作原形、進行分片、製模，並開始灌漿、整形、進窯等正式作業流程。不同的配方、不同的配比，並在一千度至一千二百度間聚精會神地觀察調整火焰大小，控制窯內氣氛，在微小變化下尋找最佳還原燒的潔白效果，四小時內溫度上升至一千三百度，燒成後在眾多各種白色作品中，相互比對後，選擇了不偏黃、藍、灰、綠、粉紅……任何色系，十足中性的明白，上了透明釉後，發散層次豐富、溫潤晶瑩、時尚自得的光彩。

但成品一件也沒有，卻不知不覺用了十噸瓷土，也警覺到完美的白瓷附帶的困擾和挑戰，那是環境、原料、設備、作業、燒成技術和習慣等，都要在絕對嚴格要求的高標準條件下作業，否則即使形完美了，卻因為一個小黑

教宋活潑
讓明華麗

點而前功盡棄。

由老手嚴格把關，在進窯前乾燥的泥坯檢查再檢查，絕對是完美無缺才進窯。但窯門一關，火一點著，似乎就只能聽天由命，等待奇蹟；窯變是色釉的偶然效果，可遇不可求，即使到現在，已經經歷了無數的戰役，成功的作品也好像窯變的偶然結果一樣，依然有些不可捉摸。

會議是不停地開，檢討再檢討，一遍又一遍，改了再做，錯了再改，永遠就差那麼一點，一點裂痕、一些扭曲、些微歪斜……幾個月下來，精準細膩記錄各種升溫曲線、作品於窯內擺放的位置、天氣冷熱、氣壓變動等表單已厚厚一疊，一點小瑕疵又捨不得丟的不良品也堆積如山，工作心得報告也一堆，但都不是結論，只是一個接一個假設性的解釋和改善方案，有點無可奈何，有點不安，感到在歷史傳承的淵源上被遺棄，原想在一千八百年瓷器平順流暢發展的歷史脈絡上，留些波瀾痕跡的那份激情雖依然頑強，但心目中的完美作品離我竟如此遙遠。

王鼎鈞在《關山奪路》寫著：「我們振翅時、空中多少羅網，我們奔馳時、路標上多少錯字，我們睡眠時、棉絮裡多少蒺藜，……天曉得，因為熱血，多麼狹隘的視界，多麼簡單的思考，多麼僵硬的性情，多麼殘酷的判斷，多麼大的反挫，多麼苦的果報。」這一路的迭宕確如作家所言，但熱血就是這麼回事，為了給自己一個「明白」，為了心中不再有懸念，我只能面向陽光和高溫持續前進。

記得有一年為了琉園店面形象的規畫，請來了澳洲「The One」香港分公司的代表做提案簡報，他們公司簡介封面印有「Business is show business」的大字令人印象深刻，就樸實的傳統工藝產業而言，這是無法想像的，除了作品，我們鮮少東西是適合拋頭露面的；但近幾年這現象愈發明顯，所有企業，尤其是時尚精品，都像演藝事業一般述說它們的故事形象，高調喧嘩光鮮亮麗，布局細膩情節傳奇，一切以出其不意的場面調度，嘆為觀止的奢華規格為原則，總之，爭奇鬥豔高潮迭起的情事，搶佔了媒體重要的版面，帶出人文質感和品牌高度的深刻印象，進而做出好的營運成效。

不談資源多寡，就事件本身，其實公司的成立歷程充滿了戲劇效果的元素，半路出家、不知天高地厚、歷史挑戰、悲壯使命……有著以小搏大的，知其不可為而為之的戲劇張力：就差一點，無論你是從悲情切入還是由幸運入手，此刻「show business」要的是興高采烈，做的是錦上添花和歡愉的娛樂效果。人生如戲，要演得動人，首先要從教人眼睛為之一亮的作品，沒有好角兒撐起場面，戲劇效果就差很大，眼前就是這個局面，沒關係，一切就按部就班，一步步來。

從新石器時代開始八千年器皿形制的歷史沿革，我們看到不同時期、不同朝代所留下來的風格有所不同，但其意象都有著承前啟後的脈絡依循，個個端莊、典雅、自信，循著這份恭整嚴謹的傳統，我一路解讀其中美的構成和氣的意志。

鼎，威武莊重，在頂天立地自信擔當的意象，散發一諾千金的昂然份量；爵，瀟灑帥氣，在嚴謹自律信守道義的氣韻，展現奇妙的均衡風骨；尊，磅礴大氣，在端莊持重開闊包容的神情，呈現厚實隆重的安然氣魄；梅瓶，大家閨秀，在飽滿優雅大方親切的風範，展示秀外慧中的雍容教養……。有了這層深刻的理解之後，我即在傳統的、豐滿的、秀麗的風骨韻味裡尋找、寫下當代的姿態，也在線條的弧度、長短、關係間分門別類氣質的

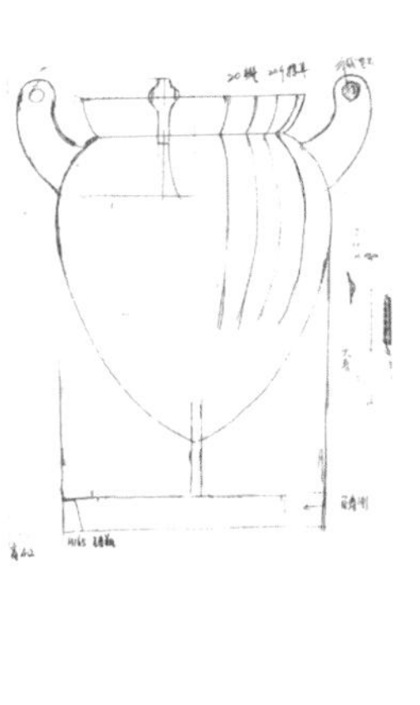

不管是威武莊重的鼎、嚴謹自律的爵、磅礴大氣的尊，或是優雅大方的梅瓶，循著這份恭整嚴謹的傳統，我一路解讀其中美的構成和氣的意志。

屬性，於是每張設計圖，就在胖瘦、高矮、方圓、曲直的主觀意識開始落筆，而在客觀判讀神經兮兮的挑剔下，改來改去，只為那份殿堂的端莊和時代的容顏，搞得圖紙筆痕錯綜複雜，寒酸滄桑。

如同陰鬱的心情氣氛，燒出的作品成功率極低，東倒西歪支離破碎的瓷塚和我意志所期望構築相貌堂堂的氣韻，形成強烈的對比，看到如此狼狽壯烈的戰場，想到金澤捎來的明亮光澤和東莞完成的岸然神情，總覺得不會太遠了吧？設計和原形依舊錙銖必較，土法煉鋼地努力再努力，所幸終於有了些突圍的成品，就在時好時壞的起伏中，有了真正自己的心血，有了踏實的信心。

於是設計馬不停蹄，工藝也加快腳步。除了因應問題做不同的燒製曲線調整，托具結構改變，泥坯放置方式重組外，也不停地尋找資料和諮詢有關的專家意見，譬如材料專家建議調整瓷土配方，讓收縮比降至百分之五以下，即可大大地減少變形的情形，確實如此嗎？因為沒試就不得而知，但總感覺偏離了這行業的道統，而且這件事如果太輕而易舉，又不像一場革命，我這傳統產業的意識形態問題是有些嚴重的，更多的聲音是調整設計，當然那就沒得商量了，因為味道不對了。

雖然此時完成的只是些壺杯盤等比較簡單、尺寸小的作品，但所展現不凡的氣韻，還是讓人欣慰，它們敘述著時尚的光采和自信的俐落，給人耳目一新，相信在現代空間它們將有合宜而出眾的身段，在身心上它們會引領自得的品味，也明白這正是自己要的作品韻味，而在創作風格上有了取向。

以宋和明這兩個在美學和工藝有極高成就的朝代做範本，如何將宋朝內斂樸直、低調簡約的幽靜質感，轉換為時髦活潑、俐落愉悅的都會悠然，它將多份明亮、多份親切，在簡單的形式中展開令人心曠神怡的氛圍，以舒緩穩住生活節奏的動盪；另一方面保持明朝的雍雅大氣、明快精緻的爽朗美感，並增加優雅細緻、奢華高貴的殿堂莊嚴，它將多份層次、多份細節，在昂然的形式中展開堂皇平穩的氣韻，以端正和提升零亂心境的講究。

設廠第二年，我正式離開「琉園」，展開一場工藝冒險之旅，專心於瓷器的學習和創作。

第三章

做明白

外在功力和內在修為，最高的融合境界即出神入化。出的形式入的精神，如何臻至恰如其分等量其觀的匹配？唯當下即刻進行手的摸索、眼的審視和心的回味，來回搜尋、理解、捕捉兩者共有的善意，才能整合出相互包容，裡應外合的雋永。

一晃五年過去了，對泥和火的掌握仍然無法全面，期待作品完美的誕生固然讓人永不厭倦，但更令人執迷而樂此不疲的，是看著每雙聚精會神的巧手所展現精確技藝時的神情篤定和專注忘我；姿態的莊嚴和自若，那是身懷老練手藝才能散發出的專業尊嚴，每個細膩的動作乾淨俐落，爐火純青、不假思索，技藝和身心連接得天衣無縫，渾然天成完美接軌。

伸手伸腳站出好樣

在無數不同的工藝裡，每當看到了勞作與材料互動時，如此奇妙的生理應變所呈現的自然，真像馬戲團裡不可思議的特技表演，令人入神，其美妙的動作如此順理成章，而忘乎所以然的一切鍛鍊和使力。記得在威尼斯，連續呆看著玻璃師傅拿著吹管，出神入化地表演塑馬神技，一分半鐘一隻高約二十六公分、晶瑩璀璨神采昂然的駿馬出現了，就這樣看到忘乎所以，直到一小時後，驚覺兩腿痠了，不能不走人。

自然，就是天人合一的感覺，舉止柔順，血氣暢通，生生不息；但即便如此投入，最後在高溫火舌的抉擇下，多半還是被淘汰而白做。在沉醉於身手俐落的歡喜情懷，失敗的陰影會不時顯現干擾，這些學習過程的成本，該換回什麼代價？本質，該在這摸索階段探究工藝、材質的根本，以為合理又順勢的創作方向和作品質感。

日本建築師安藤忠雄為了讓建築自然化，又蘊含動人的單純力量，而採用了低限的材料與幾何形式，清水混凝土就是他獨有的標識，為了讓建築呈現奢華而又清雅內斂的質感，讓人居其內如入靜謐沉澱的心靈之所，他必須讓原本厚重粗糙的混凝土產生「纖柔若絲」（Smooth-as-silk）的質感，當建築材料的質感也要成為其建築風格的筋骨血肉時，他必要做徹底的改變，以工法的革新來激發出材料新的生命，從本質的探究掌握相得益彰的風格詮釋。

因此，安藤研發出極其精細的木模製造工藝、緊密無縫的灌漿工法、防護耐久的修飾方法等，不能有絲毫的色差、蜂窩、麻面、歪斜、稜角不平整的細微瑕疵，這些都需要前置作業的精準計劃，與反覆的演練始能完成，務求美學元素與力學結構相結合，將清水混凝土呈現出一種綿密、近乎均質、光滑如絲的肌理，也難怪哥倫比亞大學建築研究所教授方甫（Kenneth Frampton）盛讚安藤忠雄將混凝土提升至文化層次，展現出建築新的美學與活力。

全瓷若要完美落實心中的造型和適當的肌理，並自由地呈現直線、平面、懸空、鏤空等造型的精神，而不致疲軟塌陷變形，「站」出時代的好樣來，勢必要來個工藝上的大變革。火的剛烈、泥的敦厚、水的優雅，各有各的性子，我得以雙手雙眼小心拿捏整合，不能逕照著它們各自的路子走，首先就得透過工序直指核心本質，摸出它們各自的底來。

紙上談兵何其容易，在廠裡最簡單的事就是設計了，每兩天訂些議題，晚上著手找答案，一問一答在鉛筆線條和圖形中找出最適當的方案，不時提醒自己每次都要求突破一點，就在最新能掌握技術的基礎上，進行邊界的踰越和潛在的探索，以專業的期許，設計出明天向今天挑戰的藍圖，也在構思上尋求明天顛覆今天慣性的新意。

有了三面圖和尺寸，開始做原型，為燒結後的收縮比，得按比例放大百分之十五。製作原型最需要火候，雖然所謂不該犯的「六氣」（註）在設計時都被橡皮擦一遍又一遍除掉，但雕製立體時要審視緊盯，絕不容這些邪氣有機外露，畢竟從紙本站出來的形體，多出明暗光影、遠近厚薄、視角多重和線面相交流動等變化，它們多元的對峙干擾或相輔相成，彼此緊密對話，難免爭論，必須予以及時調整。

原型有如種子，所有優秀的氣韻，都由這個起點茁壯發散，健康良好的基因全都要在這個原點上仔細栽培。以手工要完成工整而美妙的對稱、厚薄均勻、流暢光滑的大曲面等造型，絕對還要用頭腦，直接硬做，費力費時也做不好，尤其一些幾何造型，既要高超手藝，也要在作業進程的分配上有妙思構想，才能事半功倍，除了輪廓，弧度、粗細、厚薄等細節的掌握，務必一釐一毫千絲萬縷地計較，殿堂的高度，經典的雋永，全在此時恰如其分地分寸拿捏。

就在一次次土法煉鋼嚴謹而用心的作業下，打開原型製作的實力，並在打造獨一無二的同時，發現形制寬廣的視野。

註：清代鄒一桂《小山畫譜》提出畫忌六氣的說法，「六氣」為匠氣、俗氣、火氣、草氣、閨閣氣、蹴黑氣。

原型完成後，即予以拆解進行各部件石膏分片的作業，這工段決定灌漿後泥坯的優劣，除了專業更要耐力，複雜的作品分片有時得費時一個月，絕對是瓷器界的異類，但也絕不讓麻煩阻礙了創意的呈現；一件原型如何拆解？從何拆解？拆成幾組？這考驗功夫能耐了，它影響後續作業的便利和成果的優劣。在不厭其煩反覆的製模過程，也在成千上萬所翻製正反模具的陰陽凹凸形式，體會結構的趣味和美感。

從雜亂無章圍泥築牆、經灌注石膏到組合密實精巧的模具，也是一場扎實的手藝表演。許多看似需要暫停仔細研判、規劃再進行下個步驟作業的做卡榫動作，好手幾乎就是順著平穩流暢呼吸的導引，停也不停，即以堅硬鋒利的工具刀在光潔如鏡的石膏面上，強有力地鑿上深刻的凹陷，不出三十秒，約二乘四乘一點五公分工整俐落的溝漕卡榫完成了，一氣呵成。

一口氣順暢下來，好看。想起過去熟悉的玻璃，享受創作過程中身手和材質、工序、工具間長期交手所建立的默契，特別吹玻璃的時候，吹管前玻璃擺動的柔軟程度，藉手感辨別溫度火候，即刻反應，採取適當的成形動作，吹也罷，修形也罷，直接反射不容遲疑，每一個呼吸都貫穿深沉的意

在無數不同的工藝裡，每當看到了勞作與材料互動時，如此奇妙的生理應變所呈現的自然，真像馬戲團裡不可思議的特技表演，令人入神。比如許多看似需要暫停仔細研判、規劃再進行下個步驟作業的做卡榫動作，好手幾乎就是順著平穩流暢呼吸的導引，停也不停，不出三十秒，便一氣呵成。

從零開始，瓷器對我而言確實是新鮮。入窯前的製程是物理現象，條理分明，因果清楚，很容易理解，但要融會貫通懂得運用，需要時間。入窯點火後，則就是難以捉摸的化學變化，除了圓筒狀，其他造型都是變數無窮，相對玻璃鑄造實心的積累，它要求空心和均質，泥坯太厚，裡外不易均質燒透，高溫下外層已經瓷化，但內層卻還差很遠，以致造成龜裂。對瓷器而言，泥坯厚薄的要求很嚴格。

為釋放內聚的應力，並避免作品爆裂，玻璃工藝講究降溫徐冷的技巧，而為避免熱脹冷縮泥坯的過度差異，瓷器則要求升溫的學問。人要均衡，物要均溫，均衡果然是萬物必修和講究的課題。

無論外形如何東凸西凹，再古怪的造型，瓷器要求的壁厚大致要一樣，而泥坯厚薄的掌握，又全靠經驗感覺來拿捏，這是最神奇的所在。泥漿注入石膏模內，到底要靜置多久？擱置太久了，石膏吸水過多，則泥坯形成壁層太厚的現象，有些外顯的部位如杯口、瓶口，線條比例就會顯得拙劣，將來作品就少了份精緻的優

行所當行
止於至善

雅，而且是不必要的浪費；若過早倒漿拆模，溼泥坯壁層太薄、結構太弱，就容易坍塌變形。同個模子，拆完模後又得繼續灌漿作業，由於已經吸收累積了上回的水份，這回勢必要拉長時間，方得拆出厚薄相同的泥坯。

恰到好處的厚薄時機，就得細心體悟，但這種能耐都是灌漿老手的基本條件。這種無法精確以數據預算的作業形式，讓人對手工勞作所形成材料和人之間，這條無形緊密的感性連接所深深關注。

而巨大的打漿桶為避免瓷土沉澱，內建葉片必須二十四小時不停運轉攪拌，直到泥水交融、柔美如絲，再經過更細密的一道又一道篩網，去除過粗顆粒和磁吸除鐵的過程，最後它們都將注入不同造型細緻的石膏模內，佇足而徹底收斂奔放的動力。

蘇東坡曾經如此談起他的文章，「吾文如萬斛泉湧，不擇地而出。在乎地……行雲流水，初無定質」，後八字正是泥漿的特質，理解材質和熟習技藝是一樣重要，在理解中建構相知相惜的情感，在共識中順勢發揮彼此理所當然的優勢。

瓷土回歸最細微的本質，原本鬆散停滯的安分顆粒，藉著水的滋潤聚集催化，而有了行動力和想像力，泥漿絲綢般柔美地悠遊流動盛滿，自由放任，隨遇而安；善變親切的特質，從上而下傾瀉而出，義無反顧，它行雲流水，它初無定質，而深藏內裡，這股廣結善緣遊走的熱情，其實有著潛力無限的可能。

蘇東坡又說了「行於所當行，止於所不可不止」，面對材料過多的自發性，「止」正是創作者必要參與的主體性，從自然物性的無為到人性接手的作為，主客觀交手，自發和主張互動，讓行雲流水的浪漫隨性，有冷靜定調的明確表態，行而後能止於「質」感合宜出眾和創作者自覺的定點上。

創作的理念，正是「止」。變化定調的依歸，泥漿的無為動勢和創作的敏銳自制，一如陰與陽相輔相成，兼而有著隨性自在的感性和精算自信的知性，這自然和人為兩股對應的力量相互調和後，完成初期形式上的企望。

以秩序算計來制約隨機的不確定，是意識重要的切入，也是創作者的意義。我製作造型規矩的模具來導引、發揮泥漿敏感依附沉甸密實的特色，也發揮「止」的作用；「材有美」要包括這理解漿意的前沿部分，藉石膏模的吸水性，逐漸安頓泥漿的激情和動能，轉化為精簡內斂的自信，如此一點一點建構每個部件穩定的心緒，從有機的流體轉為幾何的固態，止住了，質確定。

起承轉合完整地作起瓷器的文章，「起」的動力開跑，打勻的泥漿流暢迫切地傾注石膏模內，僅只是佔據和初步的表態；「承」的規範導引，精確密合的石膏模細膩而結實地承載迎接每份泥漿，進行規範，暗中布局，引導方向；「轉」，急轉直下，高潮變調，泥漿流竄的激情轉變為冷靜有形的泥坯，等待到適當拆模時刻，小心翼翼取出成型泥胚；「合」為的明白總結，萬源歸終，整形工段一點一點將各部件細心地組裝，整合出原初的設計，並以炙烈的大火寫下完美的句點。

試著去了解材質於每段流程所必須接觸道具間的變化和工序作用的本質，經驗告訴你，順勢則事半功倍，成效最好。

實空、乾溼、冷熱、軟硬、水火、動靜，加上又減去，注滿再倒空，陰陽虛實於製作過程中，不停在形式上、意義上正反二元的變化演繹，一切直指終點的大器完成，而這也在成或敗中二選一。

在最根本的中國二元的思維實境演練，當然這一路的學習和觀察，瓷土細膩、流動柔順、模具光潔，更確定自己要如何把握瓷土和工藝精緻本質的創作理念和方向，真正掌握「材有美」的天性。

一絲不苟 堆砌心安

到了整形階段，進入膽大心細的工序。從前段注漿轉移而來的各個部件大小的泥坯，排山倒海，五花八門，這時要按圖索驥，主附件藉泥漿的媒合再度合體，重新組裝。唯溼泥坯軟弱敏感，操作力道稍重，泥坯變形或留下刮痕，即得丟棄。不同於一般單純造型，有些設計必須靈活應用層層疊疊的附件組合，否則本身的重量即足夠壓垮自身造型；除了要掌握泥坯的強度，也要應用適當托具支撐，而泥槳黏接的動作務必踏實，否則泥坯間被包埋的空氣，膨脹後強大的壓力為了在瓷化而被封閉的空間尋找出口，全將成為未來作品燒製時炸裂的主因。

而坯體陰乾後，還得進行入窯前的細檢打磨動作，要求銜接處天衣無縫，渾然一體。泥坯逐漸風乾，土模已不若前時溼軟，但異常脆弱，許多稍大件作品移動不得，需要人就泥坯位置去施作，不時要在台車上作業。

整形雖繁瑣細碎，不勝其煩，但因此才讓人感到其中珍貴的手工價值而安心，那是工序中一絲不苟的勞作，的確貨真價實就是一點一滴的真誠所堆砌的。

上窯更講究，馬虎不得。乾燥的泥坯十分脆弱，尤其附件多的大件作品，更得小心搬動，些微閃神即全功盡棄。想想這些泥坯各部件尺寸差別甚大，光陰乾就得等上至少三星期，這是一般作業的五倍長，所以絕對要全神貫注。

由於每件作品需要許多托具來支撐，接觸太緊了，會因彼此壓迫產生龜裂；太鬆了，又發揮不了定形維護的功能，結果作品走樣變形。量尺、計算機是我們進窯必要的配備，除了屏息擺放泥坯，各式托具的架設，必須先完成細膩計算作業，預計高溫瓷化的收縮尺寸，並依此標準預留或填補該有的空間，務必毫釐不差，一切丈量預算要求恰到好處。

因此，疊窯得膽大心細，即使已經滿頭大汗，仍要心平氣和。雖然燒製仍是勝負的關鍵，但窯門未關閉之前，眼可看手可觸的階段，要求絕對是百分之百的精確無瑕，前段一切來自四面八方分崩離析的附件完美組合後，皆期待此時在一千三百度試煉下，完美凝結而雋永。

然真正的挑戰這時才開始，點火，進入本燒成形階段，這是我們的挑戰重點。前段所有日常小心謹慎的修煉和閉關後的入定法門可否修出正果，可笑的是竟然得看有無福報。幾年下來的經驗，上窯時要懂得如何在台車依尺寸大小的不同分配位置擺放作品，除了有效地運用空間、節省成本，更要避免大件作品一點火即達兩、三百度溫度所造成單一泥坯受熱不均的現象。得分段分點開始，不能全面起火，且五百度之前得慢火升溫，相較一般工廠九小時達至溫度高點，我們得二十五小時以上，遠遠超出一般。

由於造型的特殊，退火降溫的時間也得拉長許多，既興奮又緊張的時刻就是出窯，尚有七八十度餘溫的沉重台車緩緩拖出，一股熱浪撲面而來，最佳的距離為十公尺，潔白無瑕的瓷坯造型、整齊用心的疊窯專業努力化為聖潔的身影，美好動人，你希望時間暫停。但無奈得面對現實，每進一公尺，都令人舉步艱難，從隱約到明顯的扭曲變形，從大裂縫的無奈到小裂痕的惋惜，愈接近問題愈多，辛苦是否必然有代價？一分耕耘必然有一分收穫？得看有無諸神的眷顧。一切都照標準作業流程進行，卻有不同的結局。

本燒如若造型完美，即進入上釉工序。白瓷上透明釉，不是無知就是膽大包天，雖然透明釉上後的晶潤和透光性會為作品增色，但一方面透明釉放大瓷面的所有缺點，埋在表層的暗泡、黑點等等問題將一一曝露；另一方面，作品瓷化定形，幾乎不吸水，和一般造型先八百度素燒後上釉的挑戰，完全不同，稍不注意就跳釉，亦即釉沒覆上，得再補上釉重燒，如此作業超過三次，釉色即出現麻紋，好不容易成功地掌握了形的完美，也得宣告失敗。

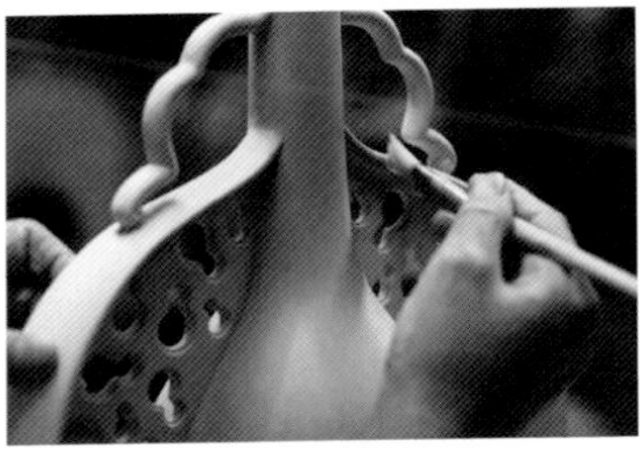

雖然透明釉上後的晶潤和透光性會為作品增色，但一方面透明釉放大瓷面的所有缺點，另一方面，作品瓷化定形後幾乎不吸水，稍不注意就跳釉，如此作業超過三次，釉色即出現麻紋而宣告失敗。

終於到達真正的難關，我們的大「窄」門——締檢部門。品檢不合格一律取締出局，不要說是些許的造型失誤，表面肌理的問題更是成敗的要點；締檢的伙伴，只有一個標準，無瑕，只有一個態度，挑剔。尤其是燒白瓷上透明釉，這是瓷工藝的天險，就像同時要處理兒童和動物的電影一樣，狀況百出，防不勝防，每個都是難掌握，合在一起，更是頭痛難搞；一顆針頭點大小的黑點，就是不良，無法通關。小姑娘們個個好眼力，什麼缺點，都逃不出她們的法眼，總之，她們就是找得到問題，製作單位到了締檢地盤，像賊一樣，總擔心又被捉到什麼把柄。

人要均衡 物要均溫

每件成功的作品，有著和窯變相同的意義，全是變來的。嚴格說來，以這些瓷器設計造型和要求，我們所有人全是還在學的新手，而一套完整工藝的系統，是無數人力、時間、經驗和智慧的累積，還有很長的路要走，但困難繁瑣工藝的勞動投放，會讓人心安理得，因為它的誠意計量是以「永遠」為單位的。

從二〇〇九年我正式參與投入的這五年，嚴格說，技術上我們並沒有太多進步，倒是態度上改變不少，看到伙伴克服瓶頸的巧思，面對新挑戰的從容，雖然尚有許多技術狀況仍然不明究理，成功率也依然低得無法想像，甚至常覺得成功是偶然得之的運氣，但看著永不厭悔於挑戰理出的問題和安排的措施，你看到五年來態度的改變和思路的成熟，這種目標一致、有所為而為的工作氛圍，似乎正為久違了的朋友的到來，準備一場歡迎會而愉悅的忙碌著，的確教人心安。與早期面對問題，就以個人過去的傳統經驗即下判斷、並否決一切新設計的魯莽草率相比，現在的沉穩，絕對是五年以來，不停地以美好瓷器的神話大餅和歷史文化意義所彼此鼓舞的最大收穫，沒有共識就無法彼此砥礪突進，也就無法為千百年的僵局打開新契機。

二〇一〇年，我們於北京銀泰商場的「新瓷藝廊」舉辦一場茶會，包括專家、學者幾路人馬聚集一堂，主題圍繞著瓷器，客隨主意，自然大讚我們作品工藝和文化上突破和再現的意義與重要性，也點名了幾家於兩岸表現不俗可相提並論的瓷器品牌。有位來賓最後發言，這位到得最早的貴賓，經同事介紹說是客人，他客氣的問了幾個技術性的問題，例如作品《英姿》上懸吊活動的環扣是怎麼燒成的？想及自己過去的經驗，如不是道上同行，講了恐怕也聽不懂，遂隨口簡單帶過，那知當著專家、學者前，他竟如此篤定地發言：「我從不買瓷器！」

「有這樣的中國人嗎？」我心裡暗想。

但他接著說：「來到這裡，我忍不住買，三次都是這樣。『八方新氣』集所有中國形制和瓷器之大成，進而又創新，難能可貴，連個杯子我都不知道怎麼做的？」

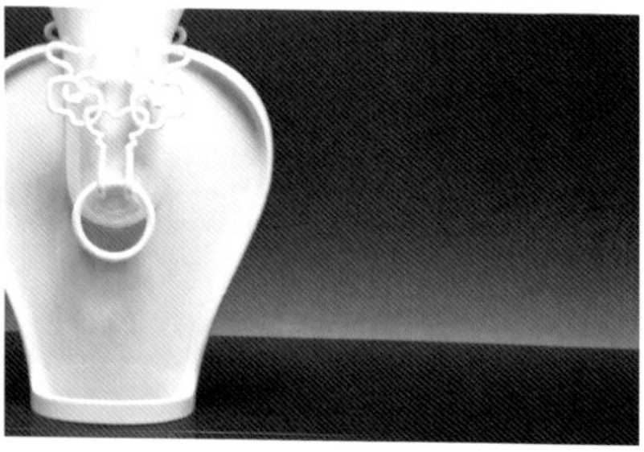

由於造形特殊，我經常被問到許多若非同行則難以解釋的問題，如《英姿》上懸吊活動的環扣是怎麼燒成的，即是一例。

大夥兒一時反應不過來，有些詫異，何許人？誰呀？老兄不急不徐，掏出名片自我介紹；接過名片，頓時鴉雀無聲，在場所有人不再七嘴八舌高談闊論，苗峰偉，「大宋官窯」總經理。

在河南省禹州神垕鎮地區燒了將近一千年鈞瓷，講究所謂「入窯一色、出窯萬彩」的神奇窯變，在當地諸多窯場中，「大宋官窯」是其中的佼佼者。後來相識熟了，參觀他位於北京二環四合院的展廳，除了櫃內琳瑯滿目的各種窯變作品，牆上掛滿各國領袖交換禮物時持著他家作品的照片，當然也少不了台灣黨政顯要馬英九、連戰。

多精彩的背書和肯定，真期待人人都是如此大氣的行家，期許在挑剔和賞識間，帶動創造的良性發展。

這是後話了，在工作室的時光，節奏快而充實，總有做不完、學不完的事，和許多解決不了的問題，幸而好事多過衰事，一天下來亢奮的情緒持續高漲，精力卻悄悄消退，才警覺已然夜深了。在實作和實戰的教訓下，對瓷器的工藝逐漸熟悉，感到材料、工序和人之間的和諧氣氛；誰說泥土無情？

它也會體會而回應人的努力與用心，於是彼此由對立、容忍、了解到相互接受，就在這樣的轉化過程中，我對瓷器工藝產生進一步的親切感，因為這份友善氣氛，相信終究能修出正果來；果然此時，大件的作品也陸續燒製成功，這該是成立工作室三年後的事了。

由於感覺其中的善意，對待泥坯的態度方式也跟著自然調整，從大軍壓境強壓硬幹頑強的防堵手法，變為順勢權宜的微幅補強，而結果確實得到了改善，所謂「工有巧」，應該包含這種領悟所帶來順勢而為的作法吧！

只要是新作品，我們都得摸索忙和一陣子，才能稍有把握往下走。在這遺落的戰境，深感工藝無邊無際的深沉和創意的空洞，值得去挖掘和填補；在這荒涼的場域，不時看見自己的孤獨身影，只嘆時候未到，尚無法賞心悅目地品味這個美麗。

倒是火和窯並沒主動拿出待客之道，面對我們這千百年來難得上門的客人，想必是太生疏太陌生，好像突然面對外星人似的，有些驚恐不安，無所適從就手足無措，不知如何應對以表達該有的禮節，以至我們落入如此艱困不堪；但看著在巨大裂痕和失態扭曲中少有的倖存者，只有相信炙熱密室內曾經激烈的暴力凌辱，絕非手足無措。一千三百度的迎賓規格，絕對千年來一視同仁從不手軟，只有經常串門拜訪，才能建立熟稔後知己知彼的應對策略。

偶爾，凌晨二時，我得爬起來，和顧窯的師傅在闇黑的爐區一同觀察一千度開始還原燒時，從觀測孔吐出的火舌形式和色澤是否完美而穩定，這是關鍵的製程部分，它關係著白瓷是否明晳白透，尤其一千度到一千二百度氣氛的掌握和時間的調控，必須小心翼翼，稍有疏忽，瓷器即呈泛黃的色調，那是無藥可救了。

總之，從不斷突圍到泥土釋放善意，進而取得彼此信任之後，我們就朝更高更遠的境界邁進，這是永不放棄才能得窺堂奧的特權。生活裡要找幸福的答案，專業裡要探獨有的門道，除了向義理緣由探究外，不拘一格的形式都會是好的方法，既不執著於前因，亦勿恐懼於後果，總得穿梭於各種法門，一一實證對錯後才能知其深，用其利，而得出入無礙、亦無不自得的逍遙。

思賓塞（Herbet Spencer）說過：「不僅『惡事之中，具有善的靈魂』，即使在錯誤之中，也隱藏真理的靈魂。」錯中學，惡中善，五年深探全瓷工藝，如臨大敵，戰戰兢兢，錯得愈大，悟得愈多，在不斷惡戰中逐漸體悟泥土是伙伴不是敵人，真理就是以禮相待，順其善的靈魂因勢利導，而有了愉悅的創作心情，有了和諧的相處氣氛，感覺自己和瓷器可以攜手走更遠。

第四章

新明白

創意，近在眼前卻又遠在天邊，行蹤飄忽。如何以結構性的框架，天羅地網多面向地予以關注包抄，相信這稍縱即逝的遊魂，很快即可建立彼此的熟悉感，而逐漸呈現它可觸及的實體，不必再老生常談說要靈感要勇氣了，因為從此它招之即來。

好高騖遠有何妨？它在品牌或創作的高度上是必要之「惡」，在尚未留下任何挫折痕跡的行動前，在一切尚未面向大眾表態宣布前，何不在一張白紙前放膽激情天馬行空一番，寫下產業或者生涯的使命？佛家說願有多大力就有多大，那麼在這小紙張上，你要寫下什麼宏願和理想呢？

當年國父孫中山也只是一介手無寸鐵的書生百姓，千頭萬緒竟然一心一意想要推翻腐敗的滿清政府這龐大的國家機器，絕對的浪漫，絕對的雄偉，典型好高騖遠的例子。高和遠所拉出的距離感，總能營造莊嚴的氛圍，有若壯闊的史詩、宏偉的廟堂般神聖而隆重；高遠的目標彰顯人之渺小，人與物或人與事懸殊的比例，自然而然醞釀知其不可為而為之的悲壯，在雄與險的張力下，更膨脹了「人定勝天」蒼勁的美感。

小紙張的大願望

就企業而言，所有的目標定調，當然離不開提供為人服務的好產品，範圍依然圍繞著常人所理解真善美的普世價值上，所謂的「惡」指的是達到「高」和「遠」的境地所必然要經歷關卡重重的艱困，那是一場又一場的惡戰。大家都承認走現成的老路，只會再度步入價格戰惡性循環的紅海漩渦中，而要有價值只有與眾不同，最好的區隔就是唯一，達到真正的沒得比較的高度，這也符合創作的基本精神。

如何好高騖遠？如何營造差異化？需要一連串的創意。

定位是企業最高指導原則，一旦理想願景確定，這理念即能清楚地提供行銷策略的品味質感、產品開發的方向高度和銷售話術的情節故事，更可以衍生出一系列諸如命名發想、企業文化、品牌形象等等良好的邊際效應，真的好處多多。

多年前我做玻璃時的好高騖遠是「打開中國人的玻璃世界」，當時如此設定，一方面是聯結非主流但斷斷續續已有兩千年歷史的玻璃工藝，卻於民國後又戛然而止的傳承情懷，以此做為品牌又愛又恨的文化情結，愛的是它有所傳承的脈絡依據，文化歷史如影相隨，資源豐厚有恃無恐，愛不釋手；恨的地方則是恨鐵不成鋼，從明朝花器清朝鼻煙壺玻璃工藝的高度，一落千丈，不知不覺離世界一大截，為文化為產業一定得急起直追，亦即以文化歷史的使命做為鞭策的動力。

當然，一方面期許以此雄心大志定調作品創作和工藝的高度，接著以美好的造型和光澤來吸睛，做為「打開」的基礎條件和工程，並以成串的動作來支撐這個遠景，除了創作出愉悅感覺的作品，以打開人們的心房並聚焦外，更在百忙中開班授課，藉玻璃工藝的學習參與和勞作，來活動每個對玻璃心動的身手，接著舉辦各式的國際展、玻璃國際夏令營和成立玻璃博物館，以多采多姿的名家作品開展社會的企圖和視野，並出版刊物介紹玻璃藝術，人們從喜歡、認識、了解，到歡喜投入製作的行列隊伍，可說在廣度深度、熱鬧門道的雙管齊下，一方面了解你作品的價值，同時也將市場做大。

不得不感恩，在短短十餘年間，這個品牌的願望竟然有了成果，兩岸三地從無到有，終於打開了中國人的玻璃世界，原屬於歐洲三、四百年玻璃文化和產業的優勢逐步東漸，如今有大量人口投入在玻璃脫蠟鑄造的產業上，於是帶著中華文化風采的玻璃作品，有如一股黃流儼然成形，當然在一片蓬勃熱絡下，依然有許多模仿抄襲的現象，但看到於大專院校不斷開設玻璃課程的情況，相信充斥市面作品庸俗的氣息會逐步消散。

這一、二十年來，總看到以創新為議題的講座或論壇，我也常被邀請去談論諸如此類的問題，一而再再而三，顯然這是個不容易落實的課題，但又不得不面對處理的障礙，對各類傳統工藝產業式微的無奈，創新的不足絕對是癥結。

創新就得是新觀念和新做法，新代表陌生，新想法要被接受需要時間溝通磨合，新做法則要面對製程、工藝的改良和挑戰，就產業而言都是成本，開頭稍有不順遂和挫折，很容易打退堂鼓而半途而廢，尤其對資源不是很厚實的文創產業，很快又回到老路。那麼如何讓創新變成一種自覺、一種習慣、一種信仰和不得不的承諾的同時，又能帶動市場的高度認同，這的確需要機制、氛圍和條件。

當你遵循企業理念的基調走，自然能從形式和內涵一致的意象打造品牌的風格。那麼這個好高騖遠的企業理念該如何設定？基本上它是離不開文化、歷史、工藝和生活上正面價值的準則——企業存在的意義不就是為世界良性的進化提供適當的服務嗎？一如做玻璃時，它是延續歷史傳承並提供嶄新的美感視野和愉悅的幸福感動，在瓷器則是「官窯的浪漫，美學的實現」，以此標準和方向期許重振文化的高度和工藝的驕傲。

記得二〇〇八年，剛突破完成幾件中件作品和其他茶具組一起在台中現代藝廊展覽，當時反應熱烈，有位收藏家表示，他只收藏宋到明、清的瓷器，這是他第一次收的當代作品。這位將近三十年經驗的行家，為台灣最大收藏家俱樂部的成員，他讚賞說這些作品比官窯還官窯，而更讓人驚訝的是他說：「讓人感受到所謂的當下，我見證也邂逅了瓷器轉變的歷史時刻。」我們正努力做，但沒想到有這麼動人的說法，後來陸陸續續有許多如此的肯定。

兩岸三地學校老師在課堂上，也明言我的瓷器革新在形制歷史傳統上所做時代的努力和出現的意義。據前國立師範大學推廣教育中心執行長黃鴻臣博士轉述，瓷器專家曾肅良教授在課堂上，曾就中華形制歷史和風格演進，說及清朝以後的這股文化傳承即中斷了，民國之後再沒有後續的發展，但繼而又突然想起似地說：「對了，八方新氣！」其實這全拜高調理念之賜，在它明確的規格原則下照章行事的結果。

總之，官窯是中國瓷器最高級別的象徵，原為皇宮內務府下所設的造辦處，當然擁有最好的工匠、最好的瓷土，在朝廷的要求下，不計成本完成驚世之作，我們當然不是官方單位，但期許的高度卻是一樣。「浪漫」為不惜代價追求、完成官窯極致完美水平的激情；「美學的實現」則指藉物件的改造進行當代體驗美學觀念的落實，亦即建構物我意氣相投的境地，無論是靜的觀賞還是動的實用，前者是心靈的交融後者是感官的觸覺，都能進一步品味挖掘空間的芬芳和時間的甜美；物件像工具一般，協助你探索生活的多元和豐富的細節。

因此在此最高指導原則下，「極致」和「當代」是兩項必須掌握的基因，於是你就得突破傳統的窠臼，你就得創新，面對形式你得顛覆，瓷器不該永遠只是渾圓封閉的筒狀腔體，而是在意象上必須完成時代美感價值的映照。面對瓷土物理宿命的特質，高溫時瓷化的收縮和軟化所導致的扭曲變形等問題，你得改變製成工序和燒製工法，一一予以克服，並在理念之前題下提出一套論述，讓本質與形式相輔相成裡外一致，進而以品牌現身說法，揭示佐證好瓷器不該只是古典、華麗和優雅僅此唯一單純而甜美的標準。

「明白」即是官窯與美學的精神下具體的方向，「明白」意象可總結為我們的品牌策略和創作理念，這源自對過去文化強勢的感懷、歷史事蹟高度的不捨、工藝獨領風騷的感嘆，以及和時代意識主張所凝聚出品牌的使命和

要突破傳統的窠臼，就得創新，面對形式就得顛覆，瓷器不該永遠只是渾圓封閉的筒狀腔體，而是在意象上必須完成時代美感價值的映照。也就是試著找出工法，讓瓷器站起來。

豪氣，其中有白色令人動容的故事、產業獨創優勢的自信、工藝精益求精的自覺，都是令人仰之彌高、值得效法跟隨的標準。文化產業該藉民族實力復甦之際，承先啟後，從文化資源、歷史典籍、工藝傳承價值中，以與時俱進之載體，再接再厲，讓文化進行該有之進化。

在文化和歷史的宏觀下，在產業生態的縱觀下，那怕就為不一樣而不一樣吧！創新一下，規劃新徑訂定一個「好高騖遠」的企業理想，結合企業的系統、組織運作，你開始感覺它是異於夢想的，理想使命像燈塔引領你走上創新的正道上；雖然理想不能當飯吃，但絕對可當補藥看待，新嘗試難免會遇上無法越過的障礙而糾結沮喪，拋頭顱灑熱血的革命激情也就很快地降了溫，此時陳義高遠的理想，多少能對此刻的艱辛釋懷，心裡明白革命大業非一蹴即成，畢竟這是歷史非個人的大事，國父都得歷經十次失敗才革命成功，眼前的小挫折不足掛齒，此刻正是犧牲小我完成大我的時候。

「Business is show business.」此刻的劇情大綱得好好編寫，理想願景得夠澎湃洶湧。

目標信念所凝聚的內部共識，讓大家有志一同，齊心協力度過難關，開創新猷。而其文化正確、生活正確的目標信念也將獲得外部的認同，有助於帶動品牌的價值和識別。

定位其實是定心，創新初期不免困頓，讓人容易亂了方寸，極易犯朝令夕改的毛病，不僅在策略上不時動手腳，作品的方向也來個九彎十八拐，這時信念就發揮它身為舵的效用，在風浪中處變不驚，抓準角度乘風破浪。

這個理想其實就是企業存在的理由和意義，飛利浦新的品牌口號「創新為你」（innovation and you）根植於飛利浦的一貫理念，即只有基於對消費者需求和渴望深入洞察的創新才是有意義的、Sony的「make. believe」企業標語也標示著以科技滿足消費者想像的「創新源於好奇、夢想成就未來」精神、三星的「點燃希望開創未來」（Turn on Tomorrow）強調和消費者一起創造更美好的未來。開闢新徑需要創意，總之要為人類為地球的最大利益設想。

文創產業畢竟不是一年半載得以見到成果的投資，所以我一直強調理想使命的重要性。順勢我們來談文化創意產業，從字面上清楚標示的產業二字，有別於個人工作室，終究它要落入產業營運形態、企業組織架構的生態下運作，而品牌形象的建構成終極的努力目標，因此有了定位，接著當然就是產品。

白嘉莉或周杰倫

無論如何產品還是見真章的決勝點，顧名思義「文創產業」，產品必然要有在地文化意象的內涵，重點是將什麼樣的文化意象融入作品中呢？相較坊間來自歐美百年老字號的產品，由於東西文化的差異清楚明朗，我們極易藉文化元素的著墨而形成彼此的區隔，也就是所謂的「相由心生」，從內的思想策略的根本不同，產生外部產品發展的形式差別；再者文化又有昨天和今天的差別，隨著時空的演進，價值、經驗、意識都會產生質上的改變，昨是今非，昨非今是的例子到處都是，古今文化解讀和應用必然要以現在的觀點來考量，此外它當然不是表象的照單全收老宗祖所遺留下浩瀚駁雜的各式圖騰，那麼該如何消化我們博大精深的文化資源？

同樣具有相似功能的建築物，四十多年前的我們建築觀點主張是唯我獨尊，於是台北市的國家戲劇院就如此轟然霸氣地聳立，氣宇昂然金碧輝煌，雕龍畫棟美侖美奐，它以目空四方的高姿態而成為都市焦點，那是沒有協商餘地的氣概，充分掌握了傳統中華文化廟堂恢宏、慶典歡愉的隆重；三十年後北京似乎悄悄地在市區多了個國家大劇院，簡約低調，絕不以後來居上之勢而喧賓奪主，一切如此謙虛好商量，懷著與周遭共生共榮的環境意識，它拿掉了許多情緒和表情而親切，這就是與時俱進文化改變的文明進化，這種變化不要說三十年，以現在的速度，五年就是個單位，對產業或創作者都要能自覺、品味這股文化變化的精神所在。

做時代的事物不僅是文創、也是所有產業該有的信念，在如此快節奏的運行生態下，事實上沒有太多積累的範例可供抄襲或模仿，創新就是你唯一的路；所以面對五千年的文化資產，我們該以當代的意識、在地的心境去咀嚼、反芻、吸收、產出。

記得約莫三年半前，受邀當外部評審委員，參與奧迪汽車評選其未來廣告合作伙伴的比稿簡報選拔，據悉每年各項操控表現評比總有多項排名第一的奧迪，對台灣和美國兩個市場充滿挫折感，其優異表現在其他國際市場的成績多是數一數二的，唯二的這兩個市場卻不如人意，尤其說到奢華高級車種在市場的印象，永遠徘徊在二線的位階，總公司於是推想可能是總代理的資源投入對品牌個性掌握不到位使然，而一直無法提昇品牌形象和市場規模。多年的無奈，總公司終於決定收回代理權，直接由分公司操刀進行營銷運作，第一步奧迪要選定將來負責行銷創意的廣告公司。

最後決選剩下四家，在三十分鐘的提案簡報中，各家以不同的策略說明，如何在雙 B 甚至 Lexus 所獨具優勢的困境下，殺出血路，逐步爬升。其中令我印象深刻的是進化概念的詮釋方式，因為科技進化一直是奧迪的強項，一如它目前所使用的 slogan「進化科技，定義未來」，需要聚焦強打，於是我們看 ppt 檔打出的畫面，前一張是盛裝精神的白嘉莉，下一張是勁裝自在的周杰倫，同是演藝圈偶像級的代表人物，四十年前的標準是華麗端莊、雍容大方，講究保守嚴謹、高貴體面的外表，無微不至，而現在接受的標準則是性格隨性、風格顯明，講求創新多變、無視章法的實力，滿不在乎，的確很精彩地將進化一目了然地說明白。更令人驚訝而覺有趣的是接下來出現的畫面：前一張是我以前的玻璃作品，下一張竟是現在八方新氣的瓷器，事實上，評審的人選是保密的，這樣的對比彷彿是意外的考題——這是什麼樣的進化？美學？工藝？品味？對我而言都是。這些例子說明，隨時空改變前進而不斷調整變化的價值和視野，正是文化的本質，掌握這有機體轉換的步伐，就是創新的重要課題，它能帶來最大的共鳴和最短的磨合期，這當然是市場和成本的利基；我們要的是現代口味下的文化概念，這是很明白的。

永不褪色的價值

工藝就傳統產業而言，絕對是另一項展現競爭力的關鍵要素。有了當下文化精神所深植的內在本質差異後，接下來就要進行外在造型和材質肌理的差異化；若大家的工藝技術水平都在伯仲之間，作品就不容易有立竿見影吸引人的差異，因此工藝的精進和研發是個不斷的修煉課題。因為美是不可靠的，它畢竟是見仁見智，人們性別、年齡、學識、職業等背景的差異，確實是無法對這抽象的感覺有個普遍為大家所接受的統一標準，於是從外觀即能感受厲害的製作工藝，就成了市場基本有力的勝負重點，它不僅在細微質感展現迷人的價值，更在作品的整體外觀，賦予具體的魅力風采，當工藝和人臻至天人合一的境地，任何創意就不再是所謂外行人的天馬行空，要取得創作的自由，要揚帆於自在的藍海，工藝上的創新是你不得不修煉的功課，工藝的創新當然也涵蓋材料的改變，不是做複雜難做就是工藝的創新，而是完成作品差異化所必要的技藝改變。

再則，無論作品的大小，超凡工藝的基因必須貫徹，它必須以不同的面向鋪陳在每個環節上，這是品牌的門檻也是承諾，因此每次創作都帶那麼一點新的工藝上的挑戰和突破，不僅持續起碼的差異，更保持特色的領先，謹記「不僅最好，更要唯一」的信念和高度。

況且，在沒知名度之前，很難鋪設你的通路，而通路是生存的命脈，但好的渠道早都被老牌子占據了，對通路而言也是要靠這些有頭有臉的招牌支撐它的高度，那麼尚未成氣候的咱們如何爭取與這些一流對手平起平坐的競爭機會呢？當然得使出非常手段，這就是使用高妙工藝所完成的作品，唯工藝所展現不凡的真本事和它所形成與眾不同的氣象，才能在百年老店銅牆鐵壁通路的封鎖線上突圍，否則淪落到二、三流的通路，只得天天為價格寒傖備戰。

二〇〇九年十一月底，台北一〇一大樓的店長來電說有位日本陶藝家希望我務必挪時間與他見面，於是第二天我和真木孝成在我們仁愛店碰面。因為我是半路出家又長期閉門造車，瓷器同行朋友認識不多，所以很高興，相信和這位新朋友一定有許多可以切磋的地方。

真木先生拿出了他的簡介，上面有他的作品以及和藝術家蔡國強兩人蹲在零亂工作室角落的年輕照片，說起早年如何幫剛到日本留學的蔡國強製作他創作所需要的陶瓷品，後來蔡國強成了巨星在世界各地做展覽，只要是大型的展演，就會請這位默契十足的老朋友帶著五、六位幫手，從日本飛抵展場進行布置。這次到台北六天了，即是為北美館「泡美術館」布展，而為趕六點半的酒會，他頂多只有半個小時時間，明天又要趕回日本……但三十分鐘能談什麼？

真的不能談，其實他也只問了兩個問題：「你做瓷器多少年了？」他說他做了三十七年陶瓷，竟然連一個「八方新氣」的小小的杯子都不知道怎麼燒成的，「十分危險，」他指的是難做。多少年？當時我還真沒算過；第二個問題，「你是不是很有錢？」我無言以對。

一針見血的問題交流，真的不需要半個小時，而這些年只要是專家，也總是提到這兩個重點。我做了比較和計算，假設真木孝成當時是一個人作業，且是個十分用功認真的陶藝家，有個一米立方的窯爐，從設計創作經過鍊泥、做坯、修坯、陰乾到燒製，裝滿窯一個月點兩次火就很不得了；但是我用了四個容量三倍大的窯，帶著五十位師傅，每星期起碼點兩次火，相較之下那是身懷燒了四、五百年老妖怪的功力，就算有些胡思亂想、異想天開的創意和造型，碰也得讓我碰過關。

我們將所有的資源用最密集的方式，日以繼夜探討試驗積累瓷藝的火候，設法和工藝和時間賽跑，證明在瓷器單調的工序還有其他美好的可能，以呼應、落實前面兩個面向的訴求——高調的理想和文化的新意，並以清新的風格得以有和歐美百年老店平起平坐競爭的機會，如若能喚起同行對這民族工藝的信心，相信瓷器產業往日的榮景盛世會再次呈現；至於是否有錢，不足為外人道，只能一筆帶過，說託您的福，在大家的支持和愛護，我這把創作之火還可以繼續燒。

到此我們看到從品牌信念、文化切題到工藝突破，幾乎都和產業生存活命息息相關，每個面向都告訴你唯有創新別無他途，勉強久了，創新自成習慣，當然這樣的機制也無法保證最終的勝算，也不保證創新成為你永遠堅持不悖的信仰。

前面說的都是基礎建設，第四個面向則是時尚感的掌握，它是藉設計由內而外就前面的基礎設施加以整合應用，貫穿作品從意念到形式的營造。

歡喜與創意的落腳平台

內，除了依循理念定位、文化風情做好對應本質上的處理外，更要於外把握時代的生活情調，如果三、四十年前，講究優雅的旋律、甜美的嗓音、精確的咬字、婉約的氣韻是好歌主流的普世標準，那是鄧麗君的時代；而阿妹、蔡依林的高亢、節奏、情緒、個性則是現在流行的標準，兩人又有各自不同的風情，而這些個別差異，正是時尚的精神，亦即在流行的同質性下，分別強調各自的自我主張，從內而外創造與眾不同的風格。

這個情調是一種良性循環的好產物，因為它會隨著流行完成自我的實現。現在大家都有追求風格的意識，而逐漸累積品味的涵養，開始有擁抱生活的熱情和關注生命的質感，於是在流行中藉挑剔的眼光選擇物件，並於應用互動時帶著好心情和創意，展開個人獨特的待人接物的主張和風格，跟著眼界、品味不斷提昇，就

超熱賣商品的祕密

from

BLOCKBUSTERS

ANITA ELBERSE——著
許恬寧——譯

HIT-MAKING, RISK-TAKING, AND THE BIG BUSINESS OF ENTERTAINMENT

哈佛商學院最受歡迎的教授告訴你娛樂產業的超強檔策略
如何翻轉長尾理論，引領贏者全拿的世界

印度行李箱

中國最炙手可熱的八〇後跨媒體插畫家
以藝術家視角發掘印度的美、色、聲、香

精靈一樣不可預測的奇女子，糖果貓貓的人生和藝術都是一種遊牧式的漫遊。
——陸蓉之（策展人、藝評家、實踐大學媒傳系專任教授）

印度之旅和6個城市的「印度行李箱」巡迴展，確實啓發了我，並且讓我學習、摸索到不少自我營運的方法。在印度旅途所體驗到的一切都讓我沉潛下來，從心思考人生問題和把浮躁的心態壓到了最低。尤其在瓦拉納西的路程，看到生死的循環，和太陽從恆河升起的瞬間，我覺得自己是not anyone, nobody and can be anybody。——糖果貓貓

2009年10月，糖果貓貓以獨立女藝術家的身分遠赴印度，在二十天內走訪了新德里、亞格拉、齋蒲爾、瓦拉納西四個城市。從啓程到每一站，一路波折，遇上了形形式式的人與故事：與未婚妻素昧謀面，卻相信愛情的計程車司機；在阿格拉聽到了最美麗、最眞實、最脆弱來自天上的禪音，還有小小三輪車硬擠十個人的奇特景象。印度少女的紗麗、繪在大卡車上圖案、路上走得慢條斯理牛羊、泰姬瑪哈陵大理石上的圖紋，這些絢爛的顏色和圖案全都讓她著迷不已。

回國之後，糖果貓貓以「印度行李箱」爲主題，至廣州、深圳、成都、北京、廈門和杭州六個城市巡迴展覽。才發現原來旅程的結束並不是眞正意義上的結束，而是另外一個冒險新旅途的開始。在書中，她把自己的創作、與企業合作及策展經驗的苦樂逐一與讀者分享，對許多年輕的創作者而言是值得參考學習的成功範例。

作者 糖果貓貓

本名何卓茵，1985年出生，純種廣州人，現居上海，中國獨立跨媒體插畫家。住小屋村吃五穀米長大，喜歡收集一切舊事物，也愛念舊情，夢想始終都是駕部穿梭機去撞星星。多次受邀與Hennessy、NIKE、Lotto、EVISU、eno、Swatch、NESCAFE等國際品牌合作，曾擔任過服裝設計師、品牌策劃、圖形設計及動畫導演，專欄及插畫作品屢見於報章雜誌。2011年策劃個人印度插畫及攝影藝術巡迴展覽「印度行李箱」，分別在中國六個城市展出，同年入選香港《透視》選出的「40 under 40」設計新星。著有《賣乜鶉》（old chinese stuff 01）、《鶉心動》（old chinese stuff 02）、《小國貨》。個人網站：www.popil.net

定價300元

在這不停的循環中，在新生活的感性探索中，完成慾望實現的多樣性，而人們對傳統物品的美麗和功能也有了不同的鑑賞和需求。就在掌握流行的國際步調，尋求與在地生活價值、文化風情和各人口味的交集，這需要創意整合，無論是舊語彙的變異也好，新語言的創造也罷，除物品要散發時代的氣息外，更在生活情趣上多所關注，讓快樂有落腳的平台，讓主張有展現的載體。

名為《新氣》的胡椒鹽罐，在時下流行禪修或靈修的課程風潮，人們藉學習體驗來實現心境的昇華，此作品即以打坐的意象入手，從精神到舌尖，以設計照映不同面向的生活形式和內容，就如同心靈藉著靜坐冥想而有了精進，食物也藉著調味料，提昇其美味；簡潔俐落的線條又意喻空無，彷若當胡椒由頭上戒疤孔洞灑落，煩惱也有了出口，雜念清除海闊天空，而口味升級。《形影》則又是完全不同的生活奇想，它由一實一虛相似的造型所構築而成，不同於一般慣常使用的圓敦杯形，其底部漸收成尖，以致於必須套入筒狀碟子方可直立使用，不僅形式特異風情獨具，其實也隱喻身而為人對自處座標定位的反思，一向自視以主宰萬物的人類，總以自己的遊戲規則對待周遭環境，但此杯子卻以非要端正放好才能避免杯傾水溢，提醒這世界還有其他的規則要遵守，

《新氣》胡椒鹽罐不只是餐桌上曼妙奇趣的風景，也為生活禪找到時尚的情趣，一切在輕鬆會心一笑的品味間，進行生活質感的無形加值。

法國消費社會學家歐海爾（Tufan Orel）分析：「儀式指的是以一種慎重其事的姿態，來彰顯自己的身分和品味，而自我時尚則意味著人們透過商品，來不斷試驗新生活的可能性。」消費者購買商品的理由已經不再圍繞於「功能」，而是包括了「儀式」和「自我的時尚」，而這多需要對的物件快樂的來帶動，我們就藉著設計共同試驗出這些可能性。新的體驗透著自得的氣息，新的感覺醞釀幸福的滋味，這中間藉和物的參與或共鳴，了然於心，而「我」得以發揮，也因此實踐了各自不同時尚的生活風格，那是情趣、創意的獨家品味；它不僅在外形為各人找到自我歸屬的語言，也在應用上為慾望的實現提供高質感的玩味舞台。

因此時尚感必須要能洞悉，它不盡然如流行是股一窩蜂集體的標準趨勢，那是隨波逐流的群眾行為，但時尚是個人的體現，它更多為個人私的生活主張、同中求異的風格享受，這種私領域的觀照正是美學經濟所強調的參與和體驗，藉由與物件的互動，展開對生命的擁抱做為自我存在的見證，這是「我用故我在」的生命活力。產品的時尚感，正是文創產業的重要氣質，它既有大眾共識的現代價值，也是感性共鳴最直接的平台。

《形影》作品詮釋一只杯子絕非隨喝隨放漫不經心的對待，起碼的尊重還是要有的，可說小小的設計有大大的提點，一如杯和碟彼此緊扣如影相隨，而缺一不可，人和環境的關係也是唇齒相依。於是就在杯子找到了自我的生活主張，也就在品茗儀式中體驗弦外之音所共鳴時代的健康態度。

營運是產業永續的關鍵機制，它是企業體健康成長的動力，而這是目前文創產業最弱的一環，也就是缺乏專業的經營團隊。或許一開始有了不錯的產品，但接下來要面對的就是生產、行銷、業務、配送、管理、財務等功能的運轉，一連串部門間緊密的配合支援。

讓明天超越今天

創新的傳統產業，一方面年輕，市面缺少可供參考的範例，雖然說做生意大同小異，但文化產品的眉角拿捏和一般消費品、日用品還是有巨大的落差，缺乏經驗自然容易走錯路。而這一切都才開始，文創產業還不是明星產業，也沒看到真正大成功的英雄典範，因此不會有太多的資源願意投入，一方面錯不得，但專業知識又不夠，尤其是屬於我們自己文化品牌的操作技巧，另一方面產業營運的量體不夠大，很難吸引真正的人才高手加入行列，在一片觀望下，只有一路戰戰兢兢、邊做邊學邊培養。

因此，團隊成員的態度就十分重要，想要期許在自己所負責的業務崗位上快速成為專業別無他法，挑戰自我是唯一的法門。創新是信念，在有限的資源如何發揮最大的效應？在既有傳統的做法上是否還有其他事半功倍的路可走？當然有，只要時時將自己化身為經營者，自然每件事不再只是交差了事的例行工作，而是興味盎然的觀察、研判、思索，如此全力以赴地自我挑戰，很快就發現自己有了變化，有了充滿潛能的創意和活力。簡單地說，專業就是高度的自我期許。

好的變化就是進步，創意人員要如此，銷售人員更要如此，每天進步一點點，一年下來相當可觀，絕對脫胎換骨，其他生管、企劃、財務……也將在創新的思維中，共同建立企業、品牌一套自成一格的運作系統，這時就真的做出明白了。

二〇〇六年受保德信集團之邀前往巴黎，就銷售表揚大會做一小時的演講，之後參加了表揚大會，受獎者陸續上台領獎，從一年銷售五十筆保單開始，接著每星期兩筆，兩三百人接受表揚，最嘆為觀止是一年銷售近二百筆的冠軍者，這位小姐每星期至少簽下三筆單，這輝煌的紀錄，至今據說已保持連續九百五十餘週了；同個公司相同的產品，相較那些未能到巴黎受表揚的業務人員，這就是專業期許的不同表現，做不好誰都沒藉口。創新事業據統計成功率不足百分之十，如果成員真以專業自許，這百分比當然就不會是這樣的數字。

我想到一個有趣的實例：一九九九年時，我們和前北京歷史博物館就二〇〇〇年龍年的到來，進行了千禧龍《圓融》的專案合作，以其做為龍的傳人迎向新世紀挑戰的精神象徵。當時我以《周易》所載「風從虎，雲從龍」的概念提出構想，相較傳統線性造型的龍騰姿態不同；老虎出動威武勇猛，氣象萬千風雲際會，龍為傳說中的瑞獸，能量無限，能大能小能有能無，來去無蹤有若浮雲，於是即以團雲球體的中空造型呈現，作品寫意簡潔，鏤空孔洞布局均勻活潑，龍以翻騰靈動的軀體展現信心，期許龍的傳人個個像打足了氣的球一般，向前挺進開創新猷，他勝不驕，鏤空造型無法也無限膨脹，他敗不餒，作品支架結構支撐著堅忍的毅力。

當時於九月份公開推出，訂價三萬八千元的這件作品在短短兩個月內即被訂購了約一千件，大伙兒喜出望外，決心全力製作，希望三個月內全數交完，豈料事與願違，身經百戰的專業製作團隊，竟然遇上慘烈的挫折，三個月的理想結果花了十一個半月夢魘才結束，不僅不敢再接單，連一連串的計劃節奏，也因此全亂了套了。

這慘烈的夢魘肇因於其採用的「脫蠟鑄造」技法，顧名思義即於蠟脫完身後，將留下來的空間以另一異材質填補，所以每件玻璃作品的前身就有個一模一樣的蠟模，將其包埋在耐火石膏內，接著置於高溫蒸氣爐內脫蠟，之後即將作品上下顛倒，讓注漿口朝上，將與作品等量之玻璃原料置於其上，一起放進電爐內，當溫度升至八百度以上，玻璃即如麥牙糖般的膏狀緩緩熔進模內，經過約十天的徐冷退火時間，即可拆模進行細修與刨光等冷工工序，而大功告成。

在工序過程中，將高溫液態的蠟倒入矽膠模內，冷卻後解開矽膠模即可得蠟模；矽膠模有若衣服，蠟模好比身體，解開鈕扣拉開拉鏈即可取出身體般實體的蠟模，但此作品又是中空又是鏤空，它的內裡有另一層衣服，這衣服要如何穿好呢？因為球狀鏤空造型史無前例，故以土法煉鋼的方法分段連接，但如今批量製作可麻煩，第一步要解決這棘手的基本問題。

一般脫蠟作品的玻璃原料是從較平整的底部注入，但這作品底部卻也是鏤空，因此就必須從龍窄小的身軀做為注漿口，這又是難上加難，曾經某個月兩百個模子進爐，竟然全數燒毀，沒一件成功。

經過這次驚嚇，限量兩千件的《圓融》雖然依然搶手，但也不敢再接受任何預購訂單，一切以現品銷售；就這麼拖拖拉拉中，技術也逐漸改善，直至二〇〇五年方全數售罄，其間也做了件縮小版，但屬實心而非中空鏤空處理，也很受歡迎。多數人並不知道或也不在乎其中製作技術含量高低問題，只是喜歡就好，但在工作崗位上的專業期許，常要面對的是自己而非外部的水平，更何況有了這次的學習和經驗，才有後來更具挑戰《風光》系列作品的發展，它們以樹石一體隨風飄蕩的瀟灑，讓風吹過、讓光穿透的無數個孔洞設計，有如將數個《圓融》鏤空的手法集為一體，更顯出與天地共遊的自由自在，而它們帶來了更高的有形的結果和無形的肯定，並打開了許多不易敞開的美術館、博物館大門。

就如同歌德早在幾世紀前寫過：「原地踏步就等於投降。」人人都應自覺，當停止了創新，必然就失去競爭力。相對的，就日常議題天天推陳出新，就每天困擾個個擊破推進，不斷的實驗挑戰，就能不斷的拓展邊界，日積月累下，即展現出全線發動的橫掃力道，而發出煥然一新的雋永光彩。

「琉園」於二〇〇五年請來法國品牌顧問公司「Brand DNA」，為成立十年而做詳細的身體檢查。檢視一下到底有哪些優良基因，足以成為帶動當時企業蓬勃發展的主要動力，這支來自歐洲幾國集設計、行銷、趨勢、社會、民調等專業的隊伍，就其主要通路分布的台北、上海、香港三地的內部主管、通路主管、媒體和主要客戶，做為期一個半月的焦點市調，兩個月後交了份結案報告。

一如LV、CHANEL的成功基因，首先相較同行，「琉園」具備高妙超凡的製作工藝、創造故事的人物和作品、文化意象價值的重現、時代趨勢脈絡的掌握、動人情緒的故事傳達、色彩形式獨特的差異；異曲同工，與一九九七年我在上海舉辦克里奧（CLIO）廣告年會上所提文創的五個重要面向，正好呼應，一個是起因一個是結果。

如果審視理想、文化、工藝、時尚和專業五個面向對企業發展的重要性，自然會關注每個環節的創新能量，那麼創新就逐漸由不得不的警覺變為習慣，並從對外的商業設想發展至對內企業文化的要求，良性的效果不言而喻。

一回生二回熟，有動作就會習慣，而創新所需要的創意，便從虛無縹緲逐步具體穩定地現身，就像技藝和身手的連結一樣，經過不斷地頻繁演練後，抽象的創意和努力的心意就自然架設出相通的熱線，從開頭生澀音質不好，到如同就在身旁對話一般的清晰明朗。總之，行動絕對是唯一的法門，五個面向每個環節的創新企圖只需啟動，就如火車頭一鳴笛啟動，即刻帶出勇往直前的活力，如此熟能生巧的運作，再陌生的靈感都會隨侍在側。

第五章

給明白

東風到了，怎麼把握？怎麼給出能長治久安的競爭力？把握只有靠行動，而給則要從歷史文化淵源，找出氣韻相連的基因脈絡，它是在風格傳承、生活特質所延伸出的一條路上，那股氣味應該只在這條路上飄香。

早上到晚上，總有工作的陪伴，其中有勞動也有思索，時而瓶頸時而突破，時而茫然也時有感悟，無論是與人或與物的互動，身心總不停運轉靈動，既忙碌也踏實，工作是如此，那麼生活呢？

再多一點 重溫舊夢

離開工廠，無論是工作或是生活，我常往返北投、台北之間，現在坐車來回，一趟不過三十分鐘，但常想過去沒車的時代，這二十公里的路，走得快也得走上五小時，到達目的地已汗流浹背氣喘如牛。

生命有如北投往台北前進行走，在這過程我們經歷、體驗、疲憊和衰老，如同從早上到晚上，這是生活的過程；年輕到老年則是歲月的，這期間若有汽車這種工具，它就能代替雙腳，讓人從容自在，一邊享受空調音樂，一邊飽覽沿途街景風光，輕鬆地踩著油門，三十分鐘抵達目的地，如此平穩舒暢地就抵達另一端，完成一天甚或一生的行程。

生活、歲月中能讓我們雍容自得地渡達彼端的汽車，當然就是我們周邊的日用品，汽車設計品質的優劣影響著它的操控性和舒適性，它決定這一趟旅程的情緒和質感，與我們相處物件的工藝和創意，也會影響享受生活的品質和樂趣。

好的物件不僅實現人們的品味和風格，在徜徉美好時光的同時，它又能內化對生活的熱情，並帶著你咀嚼品嘗歲月的豐厚、環境的細膩和人間的幸福；工作都能培養出樂趣，生活當然有更多的歡喜，於是這些物件進一步引領我們深掘開發生活的多樣性。因此更強化了初始念頭，發明生活的汽車吧！有了汽車你更願意遠行，而開拓更大的視野、更多的友情和更寬的胸襟；「生活當如是」的落實，就是要嘗試重新打造與人可相呼應的物件演員，這是心中多年的召喚，重新點亮舞台，讓我們更愛看戲。

生活也是文化的範疇，因此處理生活器物得同時兼顧文化風格，日本在上世紀歷經六〇年代的盛世和九〇年代的泡沫後，二十一世紀「無印良品」的原研哉提出「這樣就好」的質樸設計主張，以為炫爛歸於平靜的殷鑑和綠色關懷的倡導，令人無限反思；而從悠久精緻的文物傳統下，因局勢環境的變遷被迫快速衰退並停滯甚久的我們，該怎麼想？怎麼走出屬於我們的設計主張？而今，百年後我們從代工再度崛起，然而，長期被動的代工關係，想再恢復昔日榮景，談何容易？得再喚醒和培養往日文化自信、脫俗品味和優雅眼光等基因，此刻就是尷尬的修補鍛鍊期，也就是開始練習自主開創能力的階段，從思維到執行一定要刻骨銘心的扎實付出。

相較日本和室空靈的沉靜、巴黎古典浪漫的奢華、紐約都會效率的理性……成熟定形，風格顯著，反觀台北親切多元的零碎活力、北京政治文化的急切梳理、上海一日千里的急進企圖，一切尚須整裝待發，面對如此差距，它當然不是「這樣就好」，而應是「再多一點」的積極態度吧。

再多一點，於是為自己打造一個杯子，《龍尊》。

在每天緊湊的工作行程結束，回家，能有片斷的閱讀時光，總讓人有份高雅優越的富足感，而與作家文字、經驗、創意和智慧的關照，讓人身心從匆促動盪的草率步伐，頓時進入專業美妙的端莊氛圍，絕斷了疲憊焦躁和不停溝通的工作紛擾後，此刻湧現的是無限清澈的幽靜和得意。

水、茶、咖啡或小酒，都能以不同的情調、口味昇華這份莊嚴，使用杯子的身段和格局，就要有匹配此難得的優越，除了要烘托此時自在的珍貴時刻，更要呼應這份自己刻意所營造神聖堂皇的氣氛，馬虎不得，因為它的身影要讓你更深刻珍惜、回味如此良辰美景的雍容。

它既樸實也奢華，一方面是絕對的自信表情，不時述說回歸純淨、洗鍊的生命質感，這是你一向所渴望的價值，日新又新；於是簡潔俐落的杯身為這份端莊做最樸直的寫真，即是你此刻唯我獨尊自得的身影，一方面是高度象徵的文化渲染，期許藉閱讀探索，學習多彩多姿、活潑生動的生活體驗，它是外在慎重其事的隆重儀式，熱情而尊貴，故以龍飾為提耳，將這私密的文化氛圍做最奢華的註腳。

於是我為自己設計了一個杯子，為如此自得的時光斟酌品味，並以細膩的工法打造完成，它就是要見證、陪伴你在時下都會難能可貴悠然的情節，所以它得慎重其事「再多一點」完成該有的規格，讓它帶出烏龍最華麗的回甘，而我也看到自己一天中值回票價的一刻，人也變得喜歡每晚坐上《龍尊》的車，開進這一幕精美的時空。

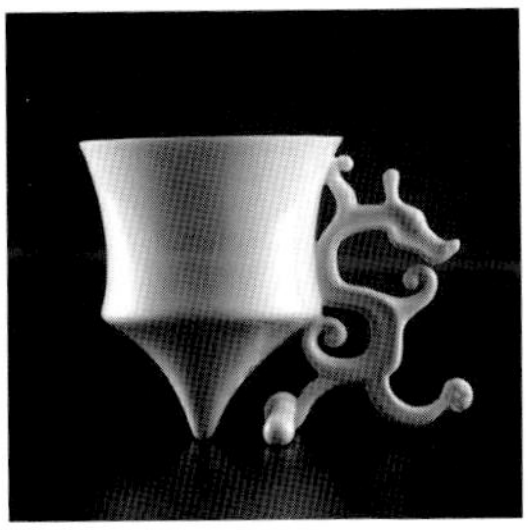

《龍尊》是我為自己設計的一個杯子，它要見證、陪伴你在時下都會難能可貴悠然的情節，所以它得慎重其事「再多一點」。

清代盛大士《溪山臥游錄》謂：「畫有三到，理也、氣也、趣也。非是三者，不能入精妙神逸之品，故必於平中求奇，純綿裹鐵，虛實相生。」

「三到」其實不僅止於論畫，其必備的要素，從裡而外，並終結於情感昇華之至高境界，其他精妙事物，亦可按此層次分明、課題清楚的條理，無論是審視或組裝，八九不離十，自然而然就會識別或建構有規格的精妙。

事出有因，「理」為理念是發動機，為實現某些理念而有了作品或產業等情節上演，「再多一點」不僅是文化風格重整，更是現實實力再生的考量。文化價值、歷史變遷、產業發展因地而異，諸如「這樣就好」歷史淵源所演繹的結論，未必適合我們對號入座，對我們荒廢多時的身手、心理和視野的迫切期望，加把勁兒是必然，為努力填補落後的空白，自然不能「這樣就好」，「再多一點」吧！

「再多一點」是精進的呼喊，多想一點、多用力點，這些投注心力的企圖，自會藉演繹顯現出來，氣質也罷、氣魄也罷，「氣」也，精妙逸品講求的氣韻是多面向的條件所形成，有工藝所打造的不凡形式、有文化所散發的時代新意、有創新所整合的時尚趣味，更有凝固於當下時空，而進行身心交融的詩意。「再多一點」的探索，氣韻自然動人，而情趣也同時昇華感人；小題大做，無妨。

氣韻生動 托物見志

漢朝以後四百年的動盪，烽火連年民生凋零，知識分子不得不走向山村鄉野與詩詞歌賦尋求心緒和胸懷的慰藉，而使得無論藝術的思維還是生命的主張，在這最窮困潦倒的時刻，展現歷史上前所未有而豐富多元的活力和深刻，在崇尚自然玄思冥想中，人們往生存的根本探尋而更認識了我的存在和美的準則。

就在五世紀末，魏晉南北朝時期的南齊人謝赫即提出了評畫「六法」，其之首要即「氣韻生動」，那是支撐好作品的意境神韻，使其生動活化的能量，能和宇宙和生命共鳴而引起的感動氣質。

「氣」是看不見的，卻又能扎實感受，例如山谷、大地、海岸、沙漠……都散發著不同的氣息，在它們的質感、形態、尺度、光澤中，人們感受到生命經驗中與之相對應情緒的正能量，花開樹長，萬事萬物無不生機流動，人也昂然自信生氣蓬勃，而藝術創造即在捕捉、帶動這股振動人心的氣韻。

一千五百年後，生活裡是不是也可有氣之美氣之韻的鋪陳呢？能不能像上世紀七〇年代開始流行的禪風，有著日本人那樣的發揮，把寧靜幽遠的氛圍訴求，全面性的打造出食衣住行各個領域的物件用品？讓都會講求理性效率的緊張壓力，就在身邊找到鬆弛平和、空靈簡約的對比定力，這內斂樸質的平台，的確為忙碌的身心提供輕安沉穩的節奏，而稀釋了濃烈的焦慮，於是禪儼然成了日本專屬的美學風格。

中國人一向講求的「氣」，其實於禪靜的沉澱能量中，更延伸出一股蓬發向上的活力，它更主張活絡生命的出口，這多方面被證實存在的生命能量，呼應著健康愉悅的生活態度，它更多了動的意象，那是氣「參與」和「創造」的本質。

早年，Kenzoki香水、Chi Spa等強化律動均衡中的自信，即提倡五感神經活絡體驗生活的主張，結合綠色有機環保健康的觀念，讓「氣」的美學在二十一世紀開始有了小小的發聲。而現在講求知識的鍵盤管理、網路的低頭交流、斗室的遠距溝通等，俯首、封閉於虛擬單調狹窄的普遍情況裡，是否也能藉氣之灌頂進入，而得以解放，找到舒緩解放的出口？是否能讓抬頭遠瞻，成為當今時尚的流行識別？此時就看我們能不能再深化為各種設計，讓人於生活方方面面都能找到「見物見志」的「氣」。

上世紀七〇年代知識爆炸，都會快速成長，生活跟著紛亂，禪建構了一個舒坦的生活情境，外在的動和內在的靜，完成了均衡而協調的態勢；現在資訊泛濫、生活宅化，於是有賴氣的勃發和動能，來為隱蔽私密而虛無的自我對話現象，帶出明亮開闊的光澤；關與開、窄與寬，將獲得調和而均衡，身與心、人與我，也將掙出個活潑有力的神采來。

我且以生活中的瓷器為媒介，借文字闡釋各種血統優良並具正面能量的氣韻，開始以具象的形制造型來承載捕捉這股抽象的能量。

豪氣

頂天立地的自信，上天入地的魂魄。即以最早的作品《帝國記憶》來詮釋這人生珍貴的氣韻，同時也說明物我相知相惜的互補概念；想當初赴美研習玻璃藝術的觀念和製作技藝，三十餘歲才開始起步進入另一個全新而陌生的領域，雖有信心，卻難免有所顧慮，事前給自己三年時間做了一些心理建

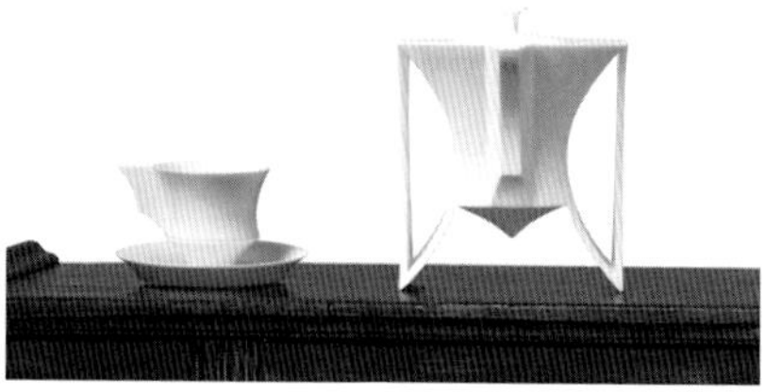

《帝國記憶》茶具組拔地而起的氣勢，令人油然而生我不入地獄誰入地獄的使命感。當沮喪的時候，身邊的豪氣能量即時補氣，又見振奮。

設的工作，告訴自己再怎麼艱困都得咬緊牙關熬過去，不得半途而廢，自忖：那絕對是打了十層地下室穩固的心理基礎，不達不罷休；但世事難料，第一堂課，就震倒了所有的基礎建設，熱、燙傷……在初學不得要領其節奏與竅門時，都是難躲掉、難掌握的慌亂不堪，這樣高熱的學習環境如何自處？這般難學的技藝何時學成？無語問蒼天，一時找不到讓人心安理得的說法，所以心情跌到谷底，第一堂課就把自己打得遍體鱗傷、節節敗退，考慮是否就此放棄打道回府。在忐忑不安中，所幸機緣巧妙，又於第三天讀到了「玻璃是人類最偉大的發現」，就這「偉大」二字，讓人硬了頭皮繼續向前闖。

當初對玻璃充滿光彩的明亮期望，剎那劇變成烏雲籠罩，令人喘不過氣來；如果當時沒有那句話及時出現，而是有著豪氣的《帝國記憶》茶具組擺放眼前，一如兩道斷然筆直的平行直線，撐開低壓的烏雲，一股向上的骨氣便不禁升起，而它縮起小腹挺出胸膛的深呼吸，也喚起了退敗再挺進的雄心；抬頭挺胸的神氣，鼓舞此刻的低潮，拔地而起的氣勢正是上天入地的意喻，於是我不入地獄誰入地獄的使命感油然再生，頭皮也就硬了。壺體杯身自信俐落的身影，一口上下貫穿溫熱的普洱，耳邊響起男兒當如是的呼喊，於是再提炙熱的吹管，伸進一千三百度高溫的玻璃熔爐，再吹火燙的狂想；當沮喪的時候，身邊的豪氣能量即時補氣，又見振奮。

霸氣

唯我獨尊的氣概，一夫當關的擔當。於是費時八個月完成了《日月明》，來呈現霸氣所必要的架勢，設計時首先以上下量體大小粗細的反差和對比，建構萬夫莫敵的雄偉氣勢，這是霸氣必備的基本神態；信心十足、決心更大，左右張開的雙足和叉腰神氣的提耳，一夫當關，展現迎向挑戰的膽識和勇往直前的果決，在舉棋不定猶豫不決時，它提醒稍縱即逝、分秒必爭、大開大合的經驗訊息，而即刻當機立斷。

如同鐘錶型收音機的發明人崔佛貝利斯（Trevor Bayliss）所說：「你需要一卡車的自負，相信自己一定可以成為發明家。」在不斷遭逢心驚肉跳乃至灰飛煙滅的連連挫敗之後，我們確實需要身邊鼓舞的力量來激發個人內在的自負能量，「物」的生命也就在這時候顯現出來，就像你面對山谷、大地、海岸、沙漠時的感受；在心紛亂慌張之時，它不改架勢靜定地凝視著我們，它豪氣干雲，它篤定沉著，我們接收了警示，觸及那個內在真正的主體

《日月明》設計時首先以上下量體大小粗細的反差和對比，建構萬夫莫敵的雄偉氣勢，加上信心十足的左右提耳，提醒使用者要有一夫當關的氣概。

力量，會發現自己竟然如此的「深不可測」，如此「寬廣大氣」，如此「能量難量」。

正氣

天地浩然的胸襟，堂堂莊嚴的意志，我將它融入《祥龍獻瑞》中。造型左右伸展、前後扁圓，它完成了圓筒狀所無法呈現的胸膛和肩膀，漸收成尖形的雙足，帶出火箭高射的上升氣韻和倒三角的健美體形，更加深胸與肩所建構飽滿渾厚的意志力，而天與地的關係有了奇妙的聯結；簡潔精美的龍形提耳，向外遠瞻，更進一步拉開了作品的開闊格局，同時在均衡的態勢中，也完成整體莊嚴的殿堂高度。天大地小，正派工整的意象，悄悄地調整不時散亂的心思。

帥氣

俐落灑脫的神情，大方爽朗的舉止。流利的線條走勢，雍容的結構布局，意象活潑、造型從容，必能將小家碧玉的扭捏，轉為坦然自信的亮度；《英姿》以簡單的輪廓、柔美的線條，架構了一個昂首挺拔的瀟灑，這由春瓶和梅瓶所融合的形式，飽滿的肩膀、暢快的瓶口、雍容的腰身，全收斂在

《祥龍獻瑞》造型左右伸展、前後扁圓，它完成了圓筒狀所無法呈現的胸膛和肩膀，漸收成尖形的雙足，營造天大地小，正派工整的意象。

扁平的結構中，精鍊帥氣英氣勃發，謹以纏繞的舖首和環扣，在翦影輪廓內點綴出一份生動親切的伶俐。這件作品為萎縮壓抑的不安，補上巧勁力道十足的灌頂能量，而容光煥發。

「八方新氣」就是在此概念下的命名。東西南北、上下左右正是靜態和動態的生活場域，為海闊天空想像馳騁情感流放的體驗空間，總之，「八」方是起心動念的氣魄；規規矩矩、方方正正的工作態度，則是瓷器從骨子裡革新所必須遵循的倫理，亦即一絲不苟、按部就班的真誠，殿堂規格勢必從裡而外精神一致來落實，所謂態度決定高度，這是「方」；「新」則是與時俱進的時代意象，它以創新為基礎，以進化為核心，以生活為依歸，在煥然一新的風采寫下當代的印記，而這也是團隊的存在價值和意義所在；「氣」是身心靈血脈暢通的安然，即是健康幸福的美學訴求，也是生命自信的儀態表徵，這是每件作品所必備正面能量的氣韻。

如此遵循著「八：天南地北的遼闊體驗；方：一絲不苟的深情實踐；新：精益求精的探索精神；氣：自由自在的雋永法則」，也就有了上述的大氣作品，以及能夠微妙體驗生活氣息的小物件。

《海洋》是一杯一碟的搭配組合，杯的高度和寬徑呼應出海洋寬闊的氣息，提耳細緻如雲捲天光的線條，它狀如耳朵，並以浪花做收尾；茶水海水相連，口中甘甜耳中濤聲，拓展了靜室格局，迎接遼闊無邊，而茶香更悠遠自得。碟子由大小相連圓圈組成，除了舖陳功能多變的趣味，可置放糖包與小匙外，更呼應這份空間逐漸開闊的層次，將日夜拍岸的浪潮情節，共同妝點茶事的感性。這組作品以寬、長的水平延伸，建構形小卻不減大氣的神采。

另一組名為《風舞》的壺與杯，斜斜的杯型一眼即見風吹動的方向，正是「物要均溫，人要均衡」議題的發想：生命的流動，不停與外力折衝協調，柔軟應變而傾斜不倒的身影，是學習尋求與環境最佳相處的平衡狀態，豐盈而動人，捕風捉影，藉杯的體態感受風的舞姿。而在斟酌間，桌上舞台不覺上演一齣閒情逸致的風景，卻又隱含著與環境意志對應的情境，那是一種悠然而強韌的存在感；於是桌上舞台不覺進行著玩味的生存議題，而調動了下午茶的風味。

英國作家麥爾坎葛拉威爾（Malcolm Gladwell）在他《決斷2秒間》

《海洋》以杯的高度和寬徑呼應出海洋寬闊的氣息，碟子由大小相連圓圈組成，將日夜拍岸的浪潮情節，共同妝點茶事的感性。

（*Blink*）一書提及八〇年代美國心理家曾做的實驗：分A、B、C三組人，每組各八十人，A與B是彼此相識多年的好友，C則是和A、B從未謀面的第三者；請C到A的住處巡視一遍，約七八分鐘出來，僅初次去看過A住處的C和相交熟識多年的B同時填寫有關描述A人格特質的問卷，結果這兩個人對A的印象竟然高達百分之八十是雷同的，由此可證十多年深交的感覺和七八分鐘走馬看花的直覺並沒太多的差別。

以上雖是探討直覺的實驗，但對我們常說見物見志的概念做了有力的實證，亦即C是從A使用的物件和空間運用的形式，感受到他的品味和風格的特質，可見人和物確實有氣味相投的情結而相知相惜，物件的「氣」韻牽連促成這段因緣而長相左右。

這些具象但非寫實的形制，作為承載各種正向能量的載體；外在的氣質和內蘊的氣韻，正逐步伸向潛伏的意識，以淨化提升和振奮運轉紛亂的生活秩序。

其實器皿形制創作的挑戰之處也就在此，由於它沒有現成可對應其情感

《風舞》斜斜的杯型一眼即見風吹動的方向，捕風捉影，藉杯的體態感受風的舞姿。

的意象，譬如其他設計總有我們熟悉的動植物可為參考，怎麼概括變化都能感受一份親切的認知，同時它又沒有動作作為自我表白的敘事功能，儘管它有著堅實的形制結構，但畢竟不是人們習慣解讀的喜怒哀樂表情，因此所有的認同感就全在外形所散發的氣韻，那是精準布局和細膩分寸所架構的，而單憑這點對瓷器而言，工藝的要求就非比尋常。

第六章

用明白

激情是不老的能源，卻老被慣性所塵封，於是活力枯竭、生鮮隱褪，生活了無新趣。真正的舒適未必要生理來定義，讓設計啟動變化，化學比物理變化有更多的曖昧，這份調調的詩意，必然能再從意識潛流裡揭開五感靈動的活絡，於是從形到意全面開戰。

安藤忠雄於提出設計前，總會清楚的告知業主：「我的建築可不好住哦。」

他於一九七六年完工的「住吉的長屋」至今膾炙人口，成為經典。十五坪狹小的空間運用「概念性」設計，產生一種超越時空的生活對話；《安藤忠雄的都市彷徨》書中寫著：「本來建築就是在法律與經濟效益、傳統及所謂的常識當中，被需求營造出來的具體成品，亦即『起居室』就該是『起居室』、『廚房』就該是『廚房』，各自有被期待的狀況。然而，當被某種強烈概念所抽象化的建築蓋出來之後，人們卻往往無法認同那會是個好住或好用的空間。但那其實是我抱持著所謂『建築家』這樣的意志，對於那個想要表現的『什麼』做出了比較清楚的表達而已。」

體驗生活的什麼吧！

從「光的教堂」就更知道他指的意志是什麼，一個長方形的混凝土盒子，唯在南向牆面看到以細緻的水平與垂直線交錯的開口，當戶外的陽光照射時，便於幽暗的室內形成非常強烈「光的十字架」，而隨著光陰的遊走，光的十字架即在地面上靜靜地投影推移，使空間呈現出一種崇高、寧靜的宗教莊嚴。

對安藤忠雄而言，建築最重強調的機能主義反倒被摒棄了，他認為唯有回到家的建築才能忘卻城市的煩囂與紛亂，因此才用封閉的幾何形式作為隔離外界一切的城堡，而自行於盒內再創造一個能與天地自然相通的室外空間。「光的十字架」就是讓你透過與黑牆的強烈對比，而感到神聖的情懷；「住吉的長屋」也於長方形盒內製造了一個中庭式的穿堂，讓陽光大方灑落、花樹隨風搖擺，在你狹小的城堡也有晴空萬里，而當下雨時從這房間走到另一房間還得打傘走過，果然人與建築與自然一起呼吸，忘了才剛從另一個城市離開。

安藤用建築沉默堅實的牆對抗外頭的熙攘叫囂，而操之在我的把自然引入澄澈寧靜的內在空間，於外於內他都很清楚的讓我們看到了「什麼」和感受到了「什麼」，這才是重要的。

建築是如此的顛覆，對於更強調機能性的生活器皿又如何呢？能不能在設計上也打破手指的慣性使用，而藉由不尋常的接觸，讓神經傳導到心智，也有為之一震的驚喜，以致平常看不見的「什麼」變得可見可感了，進而引發一如安藤忠雄帶來的空間想像，心靈也有了不同的風景。

義大利米蘭「三年展中心」是國際設計領域的最高殿堂，各國創意設計大師每年以這個展覽作為發表設計概念的時尚盛典，全世界媒體、設計師、建築師、買家、收藏家、品味顧問、室內設計師……從各地前來交流取經。「八方新氣」榮幸獲邀參展，確實也贏得米蘭精品界和媒體的熱烈報導，包括紐約時報、義大利最大報紙Corriere Della Sera、Elle Décor、Architectural Digest、Marie Claire、Vogue、Wallpaper、Surface、Domus magazine，義大利第一大時事雜誌l'Espresso、D Casa、At Casa，義大利的時報週刊La Repubblica，俄羅斯最大設計雜誌CAAOH等等。

其中有義大利時代雜誌之稱的「l'Espresso」週刊，在「米蘭是未來的窗口」一文中即把「八方新氣」的瓷器放在報導首頁，而寫了這麼一段：「壺把有如葉子般輕盈，似乎將隨時飄走。它有著如此完美卻捉摸不定的平衡感。輕盈的裝飾和耀眼的潔白綻放光芒。在米蘭三年展舉辦的『明白』特展令人感動。從第一眼便能察覺這些瓷器作品能展現出比白還要清淡的氣度。在這裡，我們看到了極簡風的美學，矛盾、傳統、專研和優雅的結合。……王俠軍以創造全新風格的使命，挑戰瓷器的極限，而這獨特的風格，是絕對無法預測的。」

「如此完美卻捉摸不定的平衡感」精妙的描述，恐怕還未提點的是人們心中一絲絲的疑慮吧，好比提把過於細緻撐不起一壺水的重量、提耳無孔如何穿繞指頭握杯，又杯腳尖細如何站穩……諸如此類的現實考量，似乎是偏遠了功能舒適的議題；但賞之觀之，何不用之？用之方知其妙。

就拿創作時我常用《帝國記憶》的杯子來說，它帶給我的是一份對創作設計工作的尊重感，俐落的線條、乾淨的造型、精美的質感，井然有序的專業自在籠罩著一桌愉悅的人和紙筆，這份講究的氣氛，一點一點由碟子、杯座、杯身和把手上重複律動的優雅弧形線條所營造的，層層疊疊，以繁文縟節的手法、堅實有力有意象，定調此刻無中生有發想的嚴謹態度，而重點是那做為提耳的無孔薄片，它打造了一份俐落專業的自信，內薄外厚，又無洞可穿指握杯，如此不尋常，怎麼用？不必疑慮，使用時拇指食指輕輕夾持著，中指依著側邊弧線托住，你必須體驗這份奇妙莊重的優雅，手的動作感覺，帶出無比的安然從容，正是此刻需要的心境；絕對的一口好茶後，接著是放回杯座的動作，這舉動讓天馬行空的情節，插上一段恭敬的儀式，我喜歡這份專業的規矩感受，而紙上不覺又多了些歡喜，當然這個作品的豪氣，也一併慎重其事地流入心中、紙上，有了它，這例行功課的時光大不同，也多了份期待。

這份期待，正如日本民藝大家柳宗悅所說：「使用才能感受器物的美、生活的質。」

而美國設計師唐納諾曼（Donald A. Norman）在《情緒的設計》（*Emotional Design*）書中，一開始也秀出了三把非常難使用的壺，並述說之所以將這三把非常冷門非常難用的壺放在家裡最醒目的窗台邊，就是要表示他專業雅痞的品味、時代步調的聯結和暗喻象徵的偏愛。總之，那是探索生活的熱情符號，提醒別麻痺於慣性平穩中；這些壺雖然不好用，卻充滿既世故又浪漫的情趣，啟動人無限的想像和與眾不同的創意，更重要的是，那是熱愛生命的膽識，這些奇物都成了現在人在滿足溫飽之後，從物件所找尋到另類的歸屬。

接著設計師又拿菲利浦史塔克（Philippe Starck）著名的鋁合金檸檬榨果汁器為例，這金屬鑄造的道具，功能有許多問題，既不好操作更沒有效率，這笨重堅實的東西不小心掉落，地面絕對留下深刻的疤痕，拿到桌面向下用力擠壓使用，那三隻尖硬的腳，絕對為桌面刮上難以補救的傷疤。它們當然不便宜，但好賣得不得了，而且多數人都跟他一樣是買來擺著看而不是拿來用，也不必全然擺放在廚房，書房、辦公室也可隨意出入。

現今人們對生活物件的選擇，更多是自我風格的實現，並藉此享受生命的多元與細膩，這就是時尚，是現代的消費心理，也是當代的美學經濟。

而生活器物既是要有所「用」，那麼就讓「用」也多一層驚喜的滋味吧。例如一次在台中辦茶會，我們用《芭蕾》茶具接待來賓，當時有位十六、七歲的高中男生，就握著《芭蕾》杯挺直的把手過來說：「叔叔！這杯子太棒了，讓我覺得帥得像個大人！」不同於一般杯子優雅的手把，用食

《芭蕾》需要像握拳握住使用，藉由不同的握法，向肌肉作不尋常的接近要求，似伺機獵取了我們內在最難察覺的細微波動。

指穿過委婉的提起，此杯需要像握拳握住使用，帶有灑脫的陽剛味，握拳的動作帶來擁有、掌握、控制、權力的感覺，這年輕人手的變化，讓他產生了自主操控的意識，多棒的體驗，超越時空的局限，上了年紀的朋友如我者，同樣的杯子，感受的亦有如青春活力，而生理帶動心理，不禁又升起「生活當如是」的新感動。

藉由壺與杯不同的握法，向肌肉作不尋常的接近要求時，似伺機獵取了我們內在最難察覺的細微波動，也就是這個出其不意的「什麼」，才真能教你沉緩地吐氣，再把「新氣」灌入，打通任督二脈，明天再起風雲。而這也正是形式和色澤之外，所展現的「意」，讓生活更多了些生理之外的時尚層次。

另一茶器《我的五根手指頭》也超脫了習慣使用的「形」設計，而更重在「意」的傳達。且說擷取了美麗的窗櫺圖案，而透出多個六角菱形的孔洞提耳，這讓持杯的人一時之間還真無法適從該以哪幾個手指來握，而馬上意識到手不該只是如此無意識的存在，於是驚覺早已僵硬的身體與思維。

一個異於平常慣性的動作，確實會誘使你改變視野與心境，重新看待身

《我的五根手指頭》透出多個六角菱形的孔洞提耳，這讓持杯的人一時之間還真無法適從該以哪幾個手指來握，而馬上意識到手不該只是如此無意識的存在。

邊的事物，安藤所謂的不好住，部分就指涉日常理所當然的習性，阻礙了嘗試、探索、發現「什麼」的趣味和深度。

麻省理工學院科學家賴瑞史奎爾博士（Dr. Larry Squire）的腦部與認知實驗，發現與新事物互動可激化腦神經活動，每天用相同的物件，久了，就養成固定的習慣，而掌管的神經就停止活動；說更貼近些，一旦我們把自己抽離了習慣之外，就能解除掉身上的麻醉藥力，神經會變得活絡而更加靈敏有力，只可惜很多人買了新的東西，就供奉起來，這樣就錯過發現新鮮生活和新生自己的機會。

美國哲學家羅迪（Richard Rorty）也說：「好生活good life的標準，就是讓湧動不安的慾望得以實現、自我存在的感受有所擴張，能滿足於對新感性和新品味的不斷追逐，而探索愈來愈多的可能性。」內心的擴張與追求需要外在環境和物件的搭配，以新感性和新品味實現好生活的要求，顯然提供生活之好的道具就要超越傳統上視覺和觸覺的標準，在美麗和功能上要再多一點「深意」和「什麼」。總之，生活或工作　對不要被必然所束縛，要突破理所當然的習性，才能完成自我的擴張。

用明白

讓自己也成為藝術品

瓷器在中國是歷代文人的雅器，它獨有精緻的藝術風貌，不僅是元世祖進行東西方貿易的貴重之物、明成祖送給海外使節的珍貴禮物、雍正皇帝親自參與的珍藏極品，它更走入了我們老百姓的日常生活之中，成為伴隨著點香、掛畫、插花的雅緻擺設。

當家居器物因為使用而深化為心靈的感受，帶來獨特的生活美學觀而蔚為風潮時，就如同法國哲學家米歇爾傅柯（Michel Foucault）所說：「美學生活，就是把自己的身體、行為、感覺和激情，以及自己不折不扣的存在都變成一件藝術品。」

以這個概念出發，《不能沒有你》用三根細長木棍貫穿連接了六個上圓下尖的圓錐體，形成三角介面的立體花器，以驚險雄立的微妙平衡，構成孤立又群聚的美感意境，它們也可藉不同的排列，圍成一個圓形的造型，或藉木棍組合二十甚至三十單體的大型花器。

一位喜愛花藝的客人，在三角形一邊的介面，插上一排寬扁的鳶尾花葉，三角形一端獨立的瓶身插入一枝婀娜的蘭花，一排綠葉像張帛紙，前面以宮筆鈎勒素雅秀美的蘭花，這是前所未見的花藝氛圍，如詩如畫，另一番幽美空靈的韻味，絕對的中國，她說沒有一個花器能這般展現性感。

這件作品確實不像印象中直通到底的單一器身，但如此異想天開的不同，也就啟動了她從嶄新的角度去發現花材和美的結構，而對生活、對自己有了讚嘆不已的幸福與滿足；把自己變成藝術品，要行動要介入要不時嘗鮮。

藉大小葫蘆這充滿幸福意象的造型連接完成《祝福》的水果盤，上面有三個大小不同碗狀造型的空間水平展開，其中末端的小葫蘆是個可盛水做為花器用，而我喜歡水果和它的意象，營養好吃，有機多彩，充滿大自然無窮的能量和美麗，在果盤不同的空間放好果實插好花，在客廳一放，頓時瀰漫我嚮往鄉野奇妙的開闊和生氣。

難得延請親朋好友到家聚餐，男女主人無不大費周章，從菜色的規劃到

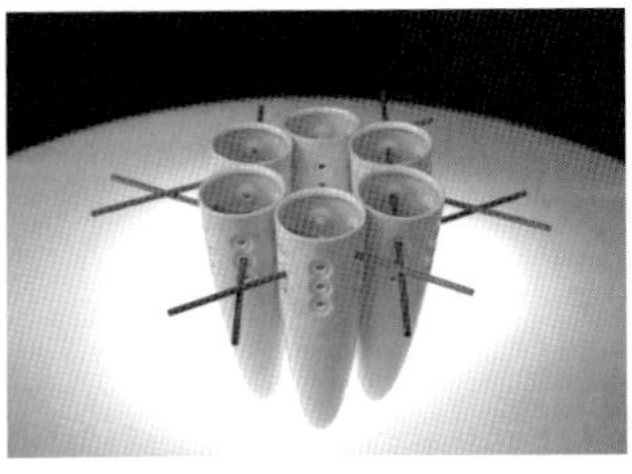

《不能沒有你》以驚險雄立的微妙平衡，構成孤立又群聚的美感意境。

刻意擺盤的容器，想盡辦法別出新裁，就為了讓賓客感受主人的盛情，並留下難忘的回憶；於是花器插上寂寥的枯枝，大的碗狀空間鋪上冰沙，其上擺放鮮美的生魚片、蘿蔔絲，中間的碗狀盛器則是一團漂亮的翠綠芥末，端上桌時，客人無不驚呼這道別開生面時尚的懷石風情，這是愉悅客人的的分享；另一個快樂的分享是女主人的壓軸好戲，插的是盛開美麗的花朵，整個容器盛滿甜湯圓，當舀起一碗碗湯圓時，一顆顆湯圓從上端滾動落盤的歡愉情景，客人無不感謝主人為這場宴席的用心。

《水平》這作品也是另一個例子，以天池高山清澈無污染的意象和以鼎般祭天的神聖架勢，來歌頌來自大自然最原始有機的養分，同時將水果盤解構為三個懸浮的圓圈，讓水果不是身陷盤內，彼此埋沒，而是向外展現它完整美好的身影和色澤；而架高的形式有若聖火台，加重隆盛的氣氛。這個作品在神戶高級美指沙龍女主人的巧思下，分享的歡喜是一圈又一圈為客人準備的點心和中心盛開的白玫瑰，她說這份慎重和尊寵，一目了然，賓主盡歡。

彼此的用心，啟動了生活新的創意，生活物件不僅只是功能於「手」和

《水平》將水果盤解構為三個懸浮的圓圈，讓水果不是身陷盤內，彼此埋沒，而是向外展現它完整美好的身影和色澤。

美麗於「眼」的享受，有了「心」的互動，更加深了物我相知相惜的深刻情愫。這種情趣正是時尚的重點，人們無形中在這些物件裡找到他品味和風格的依附，也完成了他對事物更周延的主張。

總之，靈活的功能平台，啟動使用者對生活的創意；感性的設計趣味，啟動使用者對生活的熱情；所謂美學經濟的深刻體驗，即人對周遭事物多了一份關注。

第七章

傳明白

接很多上來，也得傳些下去，以接力方式延續規矩和風範，有了這上一代對下一代的責任，一切顯得深刻而隆重，你開始搜索在文化和禮教上正確的最大公約數，發現情義的表達技巧是不能省的質量，而如果傳承是透過物件，那就是超凡的工藝。

「三到」之「理」也，所為何來，事出必有因，感動就常引出一連串的創造理念。

十年前，冰封的冬日，我來到捷克著名溫泉小鎮卡羅維瓦力（Karlovy Vary），坐在以玻璃切割、雕花工藝而著名的摩瑟（Moser）水晶工廠的展示間，拿著設計圖洽談有關酒杯打樣的合作事宜。溫暖的室內，讓人鬆懈而漫不經心，其間，走進了一位三十來歲高大急切的俄羅斯青年，手握了張照片，要求廠方設法按相片中的圖樣複製兩件相同精美的高腳杯，這四十多年前已停產的式樣，讓廠方有些為難，在青年表明不惜代價後，廠方終於允諾設法重新製模來完成；雖然已事先聯絡過，但此刻才真正心安的青年，還是大老遠從莫斯科飛來，就為再確定祖母留下來但不小心遭破損的高腳杯組能完好如初地回到原有的回憶和美麗。一旁的我，被其中代代溫情的串接相連所動容，而驚覺這酒杯正是一個沿著血緣、家族傳遞親情、品味的載體，而讓我對我們所謂「傳家寶」有著新的體認和想望，也明白了精妙逸品起碼的價值。

站要有站相的門風傳承

我們的文化傳統習慣，對後代總是望子成龍望女成鳳多所期望，如果有一個家族或家庭得以代代延續如此情結的具體載體，它能如連續劇般緊扣上下數代的生命情懷，而記住長輩的深切期盼，永不褪色，那才是真正的傳家寶；酒酣耳熱之餘，想必這酒杯曾經帶來俄羅斯家庭雍雅愉悅的時光，有了在生活應用的美好體驗，祖母的好眼光帶動了孫子的懷念和珍惜，當初這無意購買和收藏精美的紀念品，竟能綿密的連接了隔代的深情。

雖然當時我只是驚鴻一瞥，但其優雅的造形和晶瑩的質感，令人印象深刻，美的質感，讓酒杯蘊含了能對抗時空變遷的雋永價值，而代代深情珍藏，這一點的確是精品的價值和意義，否則也不會有如此大費周章的故事發展。如若此物件它的意象能如劇本般經過精心的設計和鋪陳，那麼前述祖母無心所營造的效果，或許能更精確地完成傳家寶的意義，而非紀念品或單純精品偶然所建構的動人情節。

傳家寶是長輩精選的慈祥物件，它的價值的確不該只是特殊文物可量化的價格意義，一方面它能承載著無限的期許和祝福，就儒家的要求標準莫過於「格物、致知、誠意、正心、修身、齊家、治國、平天下」，期許後輩子孫有堂堂正正的儀軌、寬厚包容的胸襟、知書達禮的德行，祝福是大吉大利的運勢、長命百歲的體魄、平平安安的生活；一方面要它飽含著豐富的創意和美感，前者是新穎想像、愉悅意境、美好設計，後者則是獨特工藝、宜人色澤、細膩質感，亦即表面上它要蘊含被珍惜的元素。

再者，它不該只是擺放著，而是要被使用，正如那祖母所青睞的酒杯，帶來不斷教人懷念的好體驗，隨時喚醒過往生活情節的美好氣味；唯精良的品質、美善的寓意、巧妙的功能，才能讓人在潛移默化中，在端莊優雅的氛圍中，感染長輩關愛下的好品味、好規矩，於是在現今生活中，擺上這一件，時時相映對視，便如父母祖輩的關照言猶在耳，再為自己打氣，知所進退，而收放自如了。

這些物件，留下難忘的時空回憶，長期與之互動，便有著被理解的珍重情愫，時時激勵和祝福自己。這樣的生活因果，傳家寶的創意上我們可以加入更多感性的文化元素，讓市場有更濃烈的共鳴和需求，在情感的加持下，更緬懷長輩的用心，而被傳承被珍惜。

那麼它該有哪些基因而成為家族代代相傳的經典？當然少不了吉祥的寓意、盎然的意象、幽雅的姿態、完美的工藝，如此加值讓傳家寶更超越精品，也藉作品考究的氣質，帶出代代的好品味，唯有好品味才能孕育惜福的好習性。

每件作品總期許無論大小，創意、工藝的含量都是值得一代傳一代的經典，而《傳家寶》系列創作的「理」，就得嚴謹而多面向的考量，如何為明日的往日情懷掌握今天的愛。

首先要注入某些必要的基因元素，比如道統上整個民族對家的功能所共識的準則和價值，那麼這物件就成名符其實的傳家寶的創作，因其中蘊含著家的規矩，那是長輩的期待和關愛，那是與平時全然不同的創作的理念。

我們現在以儒家思想為主要標準依歸的社會，除了學校，家是仁與禮認知、養成的重要場所，愛人寬厚包容的胸懷、敬物知所進退的規範，在家一一被要求和實踐，而「忠厚傳家遠，詩書濟事長」是起碼的創作基因；而家又隨著成員結構、歷史發展、社會地位的條件不同，在大環境共同價值鏈的框架下，又有個別對內部成員差別的期許和規矩，這小小的差異就是家風。

家風，各家有其規範、準則和氣節，在與社會族群、文化價值的正面映照下，所必要藉血緣、教養延續之仁的價值和禮的道統。傳家寶乃承載著親情、品味、祝福、時空記憶、家風，於一代又一代傳遞著有益世界、品格、環境、志節的慈祥物件。

因此，必得超越祖母留下紀念品的意義，將重視家庭觀念的中國人之傳家寶，在形式和意涵上能完整支撐表達家風的特質，作為上下傳接親情、期許、祝福和原則的具體珍寶！具象的物件除了完整創意和工藝的展現，更將承載著抽象的倫理規則、價值觀，以及長輩的胸襟大度，有若儀式，彼此隆重莊嚴。

首先，它是有功能的，藉日常生活應用互動的頻率，於有形無形中更能體會傳家寶所承載的意義和價值，更遑論對恩情的緬懷，同時對下一波的傳遞藉潛移默化的變化，從傳家寶的氣韻耳濡目染下建構結實的價值體系，如此一代又一代由傳家寶延續家的道統。於是以盒子此盛器作為題材，其盛裝的實用功能、造型的素材變化都可借題發揮，表達祖母當下種種老為晚輩掛礙的細膩心思。

對生命、生活態度的指導與示範當然是長輩的責任，勇敢、擔當、負責這些文化正確的價值觀，必然要成為設計的基本元素；此系列作品皆應用不同形式之腳柱，以離地的造型處理，讓每件作品帶著頂天立地的氣概，這是表達勇於面對問題的昂然態勢，其出類拔萃的氣韻和抬頭挺胸而挺拔的朝氣，正感染帶動我們的自信和力量。

這開頭的設計理念和手法十分重要，它完成氣質和風格的鋪陳，恢宏而端莊的格局不僅是傳統的優良標準，也是放諸四海皆準的經驗法則，正如兒時父執輩常對我們斥責，「站要有站相」一般，這般教養現在就由外在的形式開始導引精神上內化的振奮，此時它的莊嚴氣質令人自律而嚴謹，這基本架構是時時提醒使用者心境上、態度上的起碼規範，一如工序上，遇上此類造型，作業自然而然小心翼翼、一絲不苟，挺直腰桿不得馬虎，避免徒勞無功。

而眾多好站相，有武家把式的嚴謹，有紳士儒雅的灑脫，有軍裝工整的威武，有商賈堂皇的隆盛……總之，這些有規矩的身段，要散發殿堂般稀世肅穆的珍寶態勢，它緊抓著門風正經的核心價值，同時也打造傳家寶的價值，因此此系列作品自我約束的站相正審視我們舉止的分寸，它面前對應的必然是文質彬彬的君子。

於是從溫馨的祝福和殷切的期許，將親情和家風藉不同的素材和形式，進行儒家思維下量身打造的傳家之寶，不同於前人遺留下來珍貴文物的傳家寶，為偶然、無意的機緣所促成，其傳承重點是物質的價值，而傳家寶系列則是從創作到擁有都是蓄意有所為的，為傳送更多感性上的關懷和理性上的期許。

我想，就陳設上的份量，它不必以尺寸、大小來聚焦，而是因有著親情關懷的乘載、非凡技藝的力道和意象出眾的造型，而成為一室的焦點。

上述冗長的思緒和說明，因而有了《傳家寶》系列的設計邏輯，並舉兩例，為明白理念和手法之關聯與應用：

《龍耀八方》，這是最深的期許。方正的格局，四平八穩大氣而安然的意象，就是正統家風殷實的行事風格，務實周延；兩個方盒交集成形，正是結交四方的期望，鼓勵後輩以開闊的胸襟，宏觀的視野，拓展生命、事業的版圖，如盒蓋上精美而活力十足的龍，以龍行天下的雄心大志，向外廣結善緣、開疆闢土，以為來日滿盒的豐收奠定基礎。

此盒四角飾以圈足，四足鼎立氣派莊嚴，呈現固若金湯的莊嚴，期盼建構一個永永遠遠飽滿而穩固的基業，不長的四足，呈現出忠厚傳家的意象，而盒蓋上兩條龍活潑親切，委婉交融，帶有時尚的品味，提醒在運籌帷幄折衝間，務必靈活而圓融，仁人愛物，待人以禮，以外圓內方的處事態度，踏實地實踐目標和理想。作品典雅大方，昂然而立，帶著雋永殿堂般的沉穩幽遠，那教人永遠緬懷的溫馨關懷，那必須遵循的進退分寸，那必要代代傳承的家族風範，正如以最精實工藝所鑲嵌於盒內縷空花格的「富」字一般，門道與熱鬧都將隨作品潛藏在它端莊的風采中不時發亮和回味。

《龍鼎》，做為龍族一份子好比是家族一份子一般，被期望有擔當的勇氣和能力，當天降大任於斯人也，他必須有照單全收扛起一切任務的氣魄和能耐，練就文武雙全的智能是所有望子成龍望女成鳳的長輩期望；有能力就

《龍耀八方》方正的格局，四平八穩大氣而安然的意象，就是正統家風殷實的行事風格。

有自信，有自信就有勇氣，扛鼎雖說要魄力，但要扛得成，更需要實力，此作品期待那劃時代的鼎舉，破天荒的革新從平地升起，因此它的形象在三腳鼎立的堅毅下，展現更多柔性周延的細節和氣韻，筒狀造型的容器飾以弧瓣處理，有著靈活機動懂得應變的從容，在挺拔俐落的氛圍下散發著雍容的世故，挺拔是家風，雍雅是教養。

而作為三足鼎立的龍，除了吉祥，當然是這符號既定的標準指涉，偉大民族躲不掉神聖的宿命，一切正面而冠冕堂皇的福報和期待，在此強調他必須身體力行，以行動證明在天賜的福份下，依然能放下身段展現該有的執行力和堅持力，其造型飽滿圓熟、活潑自信，以奔跑的姿勢陳述創新必要的持續力；作為傳家寶物它承載的家門承諾，伸直展開而鼎立的大無畏精神，也正是此作品在形制歷史上的自我定位，承先啟後並物我彼此映照，而連綿不絕的青花卷草紋，為霸氣補上優雅的知性。

設計是心智的活動，它要顧慮、整合各式各樣的元素，以完成工作上的任務；設計是有機的，它能帶動一連串生活辨證、論述的連鎖反應；設計不僅帶動物質的，更帶出精神上的進化。

《龍鼎》在三腳鼎立的堅毅下，展現更多柔性周延的細節和氣韻，筒狀造型的容器飾以弧瓣處理，有著靈活機動懂得應變的從容，在挺拔俐落的氛圍下散發著雍容的世故。

一代又一代
親情的鎖鏈

法國有句俗諺：「De mère en fille.」意指母親將食物料理方法傳給女兒。

俗諺來自根深柢固的生活習俗，那是女兒出嫁時，母親還會將家中重要的餐具傳贈給女兒。口味是極其個人又一生難捨的追憶，那是觸摸親情和思念家人的重要線索，它勾起許多溫馨歡愉的進餐畫面，法國人以美食傳家，在重溫家傳私房菜和再熟悉不過的餐具時，嚐的還有母親從小身教的儀表和溫馨慈祥的叮嚀，是典範是期許是祝福。家傳之寶，浸潤著歲月的痕跡，它以精緻的質感乘載著生活的記憶與美好的情感，點點滴滴都散發祖輩殷切叮嚀的芬芳，無以取代。

在故宮，也藏著許許多多的精華，它們都是老祖宗家傳的生活智慧和技藝，於是以雙品牌進行合作，期以不同的「理」切入發想「老時尚新經典」的風範。如何活化這些稀世經典，讓它們再有更多此時此刻的共鳴，與時俱進正是這句口號的精神，這也正是我對瓷器藝術的期許：再度活化我們偉大的民族工藝和文化風采。於是在面對這些文物圖飾時，就得換不同的角度來解讀、應用，而不是照單全收。因此，這系列的作品必須營造活潑、輕盈、時尚的生活情境。

故宮合作的條件就是要有所謂的「故宮」元素，故宮的意象本身就充滿有趣的想像，有形的氣宇昂然建築與浩瀚精美文物，無形的有古典高雅的文化氣韻；於是就有這樣的想像發酵，故宮↓皇宮↓紫禁城↓清朝，清朝似乎多面向地涵蓋了故宮元素，其中有文化上、風格上華麗多彩的優雅和宮廷作息規範的繁複講究，除了氣質上的高貴和端莊，更有無可取代超凡脫俗的皇室意象和品味。

所以面對五千年的文化寶物，我想就不要捨近求遠吧！從時空來看，沒有再比清朝更明朗的意象了，重點是其繁文縟節的文飾、服裝、儀軌、建築，充滿了我們現在所欠缺注重細節的精神，雖未必要那樣複雜地表現，但凡事得一絲不苟，強調的是態度。誠如上述與「故宮」意象、元素有著最密切的連接當屬清朝，同時為使貴氣味道更足，就選擇與皇室有最直接關聯的宮廷畫家精美細緻的畫作來嘗試，同時也朝著充滿盎然勃發的寓意上做選擇，希望能將宮廷雍容華貴的繽紛化為爽朗、品味的時尚。這些愉悅而濃郁的色彩結合特有的白瓷，確實有這個效果。

設計有陽謀和陰謀兩個面向，陽謀是開門見山的新解決方案，既創新又感動人，陰謀是潛移默化地啟動使用者的生活關照。設計者心中都有理想生活的藍圖，期許借助消費者和他所設計物件使用互動的體驗後，對品味、對生命有新的認識和探索慾望。好設計能不斷地啟動挖掘你一切美好的潛能，它是主動的，它叫你省思而不著痕跡地引領你走進它的理想世界。

決定以行住坐臥間必然用到的茶具組做為載體，以雍容的宮廷風采記下獨特而雋永的華貴韻味，更要符合當代的口味，散發時尚愉悅，以串連上下數代幸福優雅的芬芳，故定名為《清香》系列，源自清朝的芳香，而香遠益清。

清，為華麗逸彩、精緻所交集清雅的宮廷講究；香，為明快愉悅、幸福所交織芬芳的時尚品味。

這些都將藉形制的新穎、文物圖飾的裁剪應用，來詮釋這份特殊的高貴氣質，讓現代生活更多高純度含量的品味。此一系列即帶著強烈的宮廷優雅色彩，相較於忙碌的、簡單的現代生活，其講求規矩、形式的層次豐富質感，顯得更能帶動人們斟酌生活空間的從容和感受文化質地的豐美，進而五感舉止在活潑的氛圍下，更容易進入幸福的飽實感。因此此系列在細膩繽紛華美的清朝經典素材下，我們打造相得益彰的典雅形制，非凡出眾，期許生活時空有清楚考究的平台，讓客廳再飄起殿堂華貴的雍雅。

而此系列作品最大的特色是壺與杯的神采造型，為營造皇室及殿堂的不凡高度，壺與杯之器身，刻意脫離底座獨立出來，以不同一般的造型觀點完成這份尊貴又脫俗雅正的意態。但這麼一來不僅工序繁複，燒製工藝也是極具挑戰，但要達到與「故宮」等量齊觀的份量，這功夫少不得，必得把皇家貴族的高度都展現出來。

其中《春舞》以郎世寧畫罌粟為基礎，原作色彩豔麗、體態婀娜，筆法繁細、栩栩如生，唯下半枝葉糾葛重疊，增加不少詭譎的美感，但少了一份親切的明朗，於是予以拆解、剪裁，不僅讓兩朵盛開的花朵及花苞能展現它

《春舞》以郎世寧畫罌粟為基礎，但從三度立體的角度欣賞此幅作品，別開生面。

們各自的細膩風采，更帶出一室清爽的生機。從三度立體的角度欣賞此幅作品，別開生面，簡潔俐落，紅綠此起彼落，順著亭立的精妙身影，迴盪著青春的熱力。

既然以雍容的宮廷風采為設計發想，自然不能沒有皇帝的位置，故《江山匯》以皇帝龍袍為藍本，但設計完以後才被告知台北故宮沒有龍袍文物，所幸有吉星福與張振芳伉儷捐贈的四龍戲水納紗桌墊和龍袍風格一樣，於是便以此桌墊為對應之文物。龍袍的製作規矩裡，吉祥物和寓意象徵的鋪陳是重點，這些繽紛多彩的元素，隆重、活潑、生動，在這澎湃騷動的美感中，充滿帝王張揚、霸道、尊貴、自信的表態。

雍容、昂然、聳立的器形，希望呈現至尊天佑，大度吉祥的皇家貴氣，同時將龍袍上濃烈的文飾色彩能喘口氣，跳脫皇室沉重、莊嚴的意象，而從明黃的色調走入明白的清爽，從嚴格的拘謹走入輕鬆的自在。

保持水腳山、海綿密緊實的華麗風采，這是皇帝的大好江山，並將十二章紋減化、單純後，底部有厚實活潑的色彩圖案支撐，上端則自由放空，任雲紋、火紋、蝙蝠紋飛舞，輕盈而愉悅。此時一本正經宮廷的典雅成了明朗時尚都會的品味。

談到生活體驗和生活美學，大家愈來愈講究過程的儀式感，儀式需要道具來演繹，「八方新氣」在此著墨甚多。情緒常隨環境的氣氛所左右，所謂觸景生情，這是生活美學所關注的情境，而與我們最多互動的環境當然就是生活和工作的空間，空間所呈現的尺寸、造型、質感、光影和陳設應用的道具，都會影響我們體驗過程的心情，而距離最近、接觸最多的生活物件自然關係密切，此茶具組系列就是這種理解下產生的。

生活美學的道具必須能承載、呼應生理的美好經驗，所謂五感活絡的生活感動，從眼睛的歡喜就要開始，藉創意、色澤、意象，啟動愉悅的情懷。《清香》系列由清新、簡潔、高雅的形制，結合活潑、愉悅、展顏的圖飾，期許打造輕快、爽朗、芳香的生活況味，親切而時尚。一方面從生活的感受欣賞文化，一方面從文化的涵義提升生活。

設計在解決一項問題之後，同時要製造另一個問題，後面的這個問題是

《江山匯》以皇帝龍袍為藍本，龍袍的製作規矩裡，吉祥物和寓意象徵的鋪陳是重點，這些繽紛多彩的元素，隆重、活潑、生動，在這澎湃騷動的美感中，充滿帝王張揚、霸道、尊貴、自信的表態。

由這件被設計出來物件的創意和意象所衍生的；在人們使用這些新物件時，從理性、感性重新體認生活形式和功能的適切性，感受生活內容的豐富性與愉悅感，這些感動帶來人們的新視野，而懂得盼望更好、更進化的明天。是的，人們藉著好的設計、新事物發現了新的生活形態，有了這個新的經驗後，他又想那麼是否還有另一個新的可能？於是一個接一個的好奇、期待和需求誕生。

好設計帶動好的進化。

對常受託設計的一些專案也是如此，這些專案多是無中生有，開始大家都沒個底，需要一些突破，一些拋磚引玉的動作，雙方藉最粗淺的意象交換意見，讓案子逐步明朗，「三到」所提的「理、氣、趣」結構就是最理性的溝通方式；甚至，多半就以「三到」來破題，一次搞定。

例如企業要訂製一個獎座，只言明什麼樣的競賽活動就沒了，這時你得發覺更多的元素來構成你的「理」。競賽有文有武，有說法就有意象，起碼這裡就有動和靜的差別，可以開始著墨，再則企業有產品有理念，於是又有了具體的著力點，企業的名稱、商標都可做文章，一切的聯結設想就是要呈現量身打造的價值和歸屬感，而動人的整合就決定這份「理」的高低。

要三到 不要六氣

其次「氣」也，這是外表美感、格調的呈現，它帶動人們的愉悅感，這時你絕對不能犯「六氣」。

清代鄒一桂《小山畫譜》說了「六氣」：一曰匠氣，所謂工而無韻，拚命作工密密麻麻地堆砌裝飾，留白不足了無氣韻，讓人透不過氣，少了空間少了文雅，死板；二曰俗氣，村姑塗脂，布局語彙零亂，時空失調錯位，不合時宜俗不可耐，失格；三曰火氣，鋒芒太露，大而無當不知修飾，赤裸裸失去優雅，缺少含蓄，粗糙；四曰草氣，粗率過甚，咀嚼不足，尚未布局構思魯莽出手，缺少層次質感，失序；五曰閨閣氣，軟弱無力，閨房氛圍陰柔委婉，拖泥帶水缺少堅毅，失志；六曰蹴黑氣，無知枉為惡不可耐，失敬。

簡單說，相對於「六氣」的就是一絲不苟慢工細活，開闊大氣雍容生動。這些都是製成工藝和創作上要注意的態度，手法要呼應「理」的精神來發揮，一步一步走近理念的核心，這有巧妙的程度，得用心琢磨。

最後「趣」也，抽象的弦外之音，夠不夠繞樑三日，令人津津樂道，端看手法的實現，即所謂的完成度而定。

著名瀘州老窖六十年前曾獲中國四大名酒，這是由上萬支角逐者中脫穎而出的榮耀。二〇一二年四月於大陸糖酒會期間為引爆行銷話題和建構品牌新意象，即想以這光榮事蹟委託設計一支容量三公升的限量紀念酒瓶，有了此「理」，於是雙方一拍即合，從理念開始提出創作方向和製作手法，說明如何具體落實每個相對的訴求，而有了《風生水起》的方案。

簡潔飽滿的酒瓶造形，被安置架構在平板面上聳立如山，以陽剛堅決的線條作為烈酒的男性意象，也表達品牌風格的自信；豐富多元浪花狀的有機提耳，柔美婉約隱喻酒的口感變化層次。此番對比完美地營造出吸睛的文化新意、時尚氛圍，並藉此樹立品牌於酒文化獨領風騷、唯我獨尊、華麗而堅實的形象。

瀘州老窖傳承榮耀到發揚光大，有著相互傳承、彼此超越的意涵，於是以瓶身兩側連綿不絕的浪花卷紋詮釋這一路翻雲騰霧的激越蓬勃，來表達企業六十年來生生不息不斷進步成長的明白表態，六十個年「頭」以六十個浪「頭」予以視覺化，這也是故事、話題和活動破題的焦點，此乃其「趣」也。它們將從中央瓶身向左右兩側延伸擴散，由底層平實精美的浮雕處理，逐漸形成立體窗櫺鏤空形式，而營造出肌理、光影和語意豐富的層次變化；這些充滿律動的美麗圖飾，簇擁拱舉著瓶身，更呈現了薄海歡騰的慶典氣

《風生水起》簡潔飽滿的酒瓶造形，以陽剛堅決的線條作為烈酒的男性意象，豐富多元浪花狀的有機提耳，柔美婉約隱喻酒的口感變化層次。

氛，正是當時光榮時刻的映照，也是優良傳承下此時輝煌的自信，最頂端提耳幻化為龍頭是最高的期許，也是「風生水起」情境的實況上演。酒瓶展現了君臨天下環顧群倫之勢，述說著瀘州老窖「王者之尊」正立於「甲子之巔」的寓意和形象。

而所謂引爆話題是從未有如此高技術含量的瓷器酒瓶出現，可說破紀錄完成了前所未有最多提耳的酒瓶與器形造形的設計，高難度瓷器工藝的挑戰也呼應了瀘州老窖精妙的釀酒技術。它聳立昂然的氣韻，正是品牌蒸蒸日上的架勢，當然支撐瓶身的薄片和爭先恐後翻騰不已的提耳，又是一堂為期八個月磨人的課程。

如同《清香》，此酒瓶不僅展現了中國式的絕代風雅，更打造出奢華逼人、富饒壯闊的氣韻。華美的皇家意象，精美的文化經典，支撐著雋永的生活質感；物件所營造的氛圍，映照著我們的感官，也影響我們的舉止，其散發著自信俐落的不凡氣質，自然在使用互動中，能帶來提升生活美感體驗的功效。

第八章

過明白

期許藉色澤表態、形式主張，尋找生活機械最佳的運轉程式，讓過日子的舉止不必然就是隨性，不僅對他人更要對自己，循著情境許多美妙的描述，也為生活仔細編排煞有其事的劇情。曲高和寡，就是難得的好風景。

《明白》，這是「八方新氣」受邀二〇一二年四月於義大利米蘭三年展中心展覽的主題，這一年一度國際設計界的大拜拜，為期六天的米蘭設計週，追新若渴嚐鮮趕快，為了不錯過展覽的每個角落，整個城市從室內到室外穿梭交錯著無數條持著背著各種資料袋的人龍，行色匆匆，像是興奮又像恐慌，就怕錯過了什麼，我們的展場即使到晚上十點打烊時間，依然紛擾動盪，除了此項活動長年的口碑，藉創意、設計所建構的生活新希望還是人們的嚮往：希望用我們的價值觀和視野，就設計的形式和理念，與西方國際做交流溝通，這是華人私人品牌進入這設計殿堂的第一遭。

輕得讓人好想飛

「大白若辱」、「虛室生白」都將白這個顏色和它的意象與「八方新氣」的形式及精神做了貼切的說白了。前文曾說到了色彩的特質，以前者意喻謙沖包容的生活態度，而這也正是愉悅完滿自處所呈現的自信表白，它化複雜為秩序，化混亂為清晰，以致能進可攻退可守，既是主角也可以是配角，不執著於一元角色的單調僵化，而以簡單率直的形式，來闡釋這含蓄脫俗的意象；後者則更主動積極地主張坦然的生活參與，它以空間大開的胸襟邀請眾人享受生命的開朗亮麗，讓更高質量的精純成分融入而身心爽朗、眼界開闊，這是樂觀的精神，它必然藉生活參與而內分泌出生命的歡喜，以脫俗的功能變化來啟動這新穎的感官體驗。此兩者正符合了我們在美學和設計上的定調，在身心與物件的互動後，在無事一身輕的視覺感受，在白得一塵不染的意境下，享受清爽遼闊的悠然。

「明白」，我們譯為lighter than white：比白還白，比白還輕，在此與其是表達明明白白的創意理念，倒不如說是更強調充滿自信、自在意象的白色坦率，它和作品造形結合後，將帶來無牽無掛的雍容生活，讓形式的俐落輕盈、功能的新穎玩味、意象的鋪陳建構，能引領風格品味的超凡出眾，而在生理量的輕盈感覺上，體驗精神質上厚實深刻的份量，真正感受生活情節的豐厚。

《如意高飛》是個典型的例子，許多約定俗成的符號，已經形成我們的共識，例如五線譜和音符的圖像組合，給人輕鬆自在的情緒，它能表達快樂

《如意高飛》有別於一般壺的設計，此作品希望處理得更乾淨簡單，將把手提壺和鈕掀蓋的功能結成一體，在簡單飽滿的壺身，畫龍點睛並以單一支點完成，讓壺有更多的留白。

悠揚的心情，兒童即常以這個元素表達愉悅的情境，所以當要描繪快樂郊遊時，這利器就常布滿畫紙上而四處飛舞。

有別於一般壺的設計，此作品希望處理得更乾淨簡單，將把手提壺和鈕掀蓋的功能結成一體，在簡單飽滿的壺身，畫龍點睛並以單一支點完成，讓壺有更多的留白，一片空靈坦然，散發清新脫俗氣韻。所以焦點集中在精緻委婉上揚的如意造型上，這是幸福快樂的祝福，它悠然自得，彷若樂音飄揚，它讓眼睛啟動內心歡愉的開關，期盼也相信壺中是無限回甘的美味；手輕持如意，全新美妙的手感體驗，一期一會，輕鬆也深刻，這形式拉出了了無牽掛的清爽氣氛，眼睛和手都同意，確實比白更悠然更清遠，而生活的質感開始有了值得珍惜的深刻份量，形與意雙管齊下，也只有白，輕得讓人好想飛。

然為這色澤微妙的純粹和形式精確的圓滿，文質合一，歷經了艱困七年的研發，原以為只是設計圖上點線面的小修正，豈知竟成驚天動地瓷器的大革命，這被指是外行人天馬行空做白日夢的圖稿，的確是對千百年來渾圓對稱封閉腔體的挑釁，它們企圖解構東漢末年迄今以來的規律；而單純端坐桌面保守的傳統形體，如今要對抗重力，企圖伸出腿來頂天立地站出時代的骨氣，一如此作品的把手伸出空中悠揚的主張，是形式也是意念上的進化。面對瓷土從溼坯到高度瓷化的物理特質，高收縮比、軟化變形現象，是禍？躲不過，都得一一克服。在歷經多年苦頭後倒要慶幸自己外行所帶來的一路魯莽，在不知天高地厚下，反而心無旁騖樂觀地鑽研和期盼。

《晴空萬里》是這期間的心情寫照，雖然信念依然是重要的補藥，但矛盾的情緒此起彼落，面對失敗率而不得不一而再重複動作的試驗，不免惆悵低迷，而持續高漲的工資材料，難分難解的技術疑雲，缺少共識的伙伴流失、熱情不足的專業失調、粗心大意的浪費習慣……幸而企業這些日常要面臨柴米油鹽的繁瑣問題，還有靜君和老伙伴們幫忙分憂處理。

於佛法我們常用平常心，來勉勵面對世間煩惱時所當採用的態度。的確，這種心境多半能讓我們釋懷，有過這些片片段段放空的經驗，使人了悟了平常心的妙用，雖知天塌下來有人去頂，也了解沒有一件事不能沒有你，但苦惱的壓力如影隨形，就是放不下，慚愧對如何收放自如的掌握、平常心的精進並沒持續修煉，但對佛法能引領的殊勝境地，是心有所嚮往。

無事一身輕，幸福或許就這麼簡單，去掉生活、工作、情緒上的牽絆，自在和雍容自然湧現。大大小小心緒的紛擾，其實是來自各方不同程度的掛礙，說穿了沒麼大不了，只要放下就得了，但是這份能割捨的功力，哪是我這般凡夫俗子的修為所能輕易辦到的呢？

這種殊勝的境界，其實我是偶爾得之，它不是來自個人深厚的修行，而是外在助我一臂之力所營造的結果。

在攝氏四十一、二度溫泉蒸騰的失重下，時而能感受到與世間人、事、物脫鉤的輕盈，首先當然有些鋪陳讓人漸漸走進身心鬆弛的情境，其中的動作過程，明示了這是個人走向獨立私有的時空區塊的序幕，意識和現實都有個清楚的暖身開場，這場戲是從脫下身上束縛的衣物開始展開。

入池前的沖洗，也是這場儀式重要的環節之一，這是與凡塵、牽絆表明立場的清楚切割和道聲再見的情節和對白。

水洗滌了世間的繁雜，帶著身心初好的純淨和自在潛入溫泉，露出水面的頭，正驚覺渾身肌膚被籠罩的高溫刺痛，但無法掙脫又無所不在，而失重的身子在此股強勢霸氣入侵下，徹底鬆綁，任其長驅直入，此一放鬆讓世間的牽掛於此時全然決斷，牽扯的糾纏如浮雲鬆軟、淡化、飄走；刺痛逐漸遲緩，輕浮的身子徜徉虛幻的氤氳中，心中無物，暖熱的幸福瀰漫。

溫泉中伸展的軀體正是莊嚴爽朗的生命隨性，此時心思如火的燃燒，期盼火苗的滋生，來分享這份愉悅的熱情，這份殊勝帶出生活積極的惜珍和感恩的召喚，短暫的，似乎有了悟更長遠的生命態度，無牽無掛，沒有得失的判決，而有了平常心的體悟。

接著感覺來自體內的氣力，汗水順著這個力勢，冒出體外，它逼出外界的一切壓力，這是平時所不能的能力，而人也定調在空的充實感內，於是對自己和世間事充滿參與的自信而煥然一新。

創作佛像時，即想將這份超脫束縛的自在感，藉水的純淨來象徵嚮往心境精進時，儀式的端莊。雲的悠然來鬆綁僵局牽掛後，歡喜的幻化；火的激昂來傳遞分享開朗自信時，智慧的堅定；愉悅懸空的肢體來陳述海闊天空時，悠遊的美麗；或以繽紛的手印，來述說諸佛普渡眾生時，積極的歡喜。

總之，懂得放空，不再執著，而有了平常心。清風拂來，水般莊嚴；身若浮雲，真如失重；如火騰起，無事一身輕的歡喜美感。

因此即藉宋代彌樂佛半跏趺坐的優雅慈悲神情來闡釋這個情節，這件作品提醒自己也振奮自己，放空可以看得更廣。

而奮戰半年的成果讓我們很振奮，水波般蓮花座上支撐整體佛像重量的單點，是作品最具張力的所在；泥坯時它是毫無結構力道的，上半身巨大的量體造成該點極大的應力，任何移動都有損壞的風險，而燒製時保持完美坐姿的均衡姿態，只能借用同行如此形容它的無瑕，奇葩也。

不若傳統造型端坐的沉著和繁瑣，《晴空萬里》佛像造型簡化，以營造殊勝遼闊、輕盈空靈的意象，並以上下、大小量體對比的張力和修長垂直的構圖，來強化袈裟水平飄浮的議題，這是重點也是深刻的部分，期許在莊嚴精準的氛圍，它啟動身心由輕至重的感知，唯懂得能夠放空，才能進入晴空

《晴空萬里》佛像造型簡化，並以上下、大小量體對比的張力和修長垂直的構圖，來強化袈裟水平飄浮的議題。

萬里的開朗境界，輕風拂來，騰雲駕霧，有著無事一身輕的自在，於是藉佛像的身影讓佛法視覺化，並在感官的互動間，有了覺醒和歡喜，而白更帶出晴空萬里的空曠。

佛像超脫了傳統偶像化、神格化的格局，祂不再是供奉身邊讓你坐立不安，老是洞察你七情六慾的神，而是可走出佛堂，端莊又安祥地可在客廳、書房、辦公室，提醒你如何在人生、事業、家庭、朋友間，多去惜福、感恩和懂得採取放下的適切態度的作品。祂比照現代所主張「生活佛法化，佛法生活化」學佛法門，亦即在生活實踐中去感悟佛法所言別太執著、別鑽進牛角尖，將佛的莊嚴慈悲的教化，藉造型的象徵，以意象予以弘揚，也就是時尚。

這也是「明白」精神的實現，形與色、文與質行禮如一的完美結合，是色澤也是意境。

米蘭展是初步行家的肯定，兩百多媒體報導不外是「唯大師預見未來——中華文化與包浩斯時尚的完美結合」，瓷器新鮮的「站相」似乎讓人一時詞窮，在代表官方設計立場的三年展中心，我們遇到許多從歐洲、義大利各地遠道而來的同行，果然耳目一新。一反常態，除了見識和驚喜於時尚東方的新品味外，更好奇竟然有《全力》造型如此張揚自如、單腳騰飛活力十足的瓷器作品，無視工藝的障礙，讓龍不再礙手礙腳於工藝的束縛，全然揮灑牠的萬能，於是全都在追問，這薄弱的腳踝，在泥坯時如何支撐這體積和重量不成比例的龐大身軀？接著的疑問自然又是「怎麼燒的」？

創意總衍生各種新的挑戰，沒完沒了，一如這件作品的附件即達六十餘件；「明白」的精神就是進化的主張，與時俱進的生活和工作態度是不容間斷的。時空改變的美感體驗、生活意識的時代主張、環境變遷的生命意義、科技進化的工藝思維、文化立命的企業價值……都逐步讓我們明白設計創意該有的當代切入點，而展開開朗輕盈的設計主張，為生活為工作提供得以愉悅放空的品味平台。

為瓷以禮 大禮回敬

從啟動開始不覺十年過去，包括三年周遊各國尋找代工工廠，共五年的工藝研發挑戰，再五年的作品創意製作；在這孤寂繁瑣而單調拚搏的工作場域，面對成功作品和許多品味時尚、感知先覺的支持者一路相挺，心中映照的是不倦的歡愉，讓人愈戰愈勇，意志高昂地走進《鼎頂大禮》系列的創作。

我們習慣以十為一個單位，為迎接第十年的到來，希望在此段落上能以功力作為標點符號，也藉機檢驗能耐指數，而將到此刻為止所學所會的十八般武藝，傾囊而出。

子曰「為國以禮」，禮為恭敬態度和行事得體的依歸，此系列作品則是「為瓷以禮」呼應之，唯有以禮才能從頭到尾一絲不苟落實神聖完美的結局，之所以能在瓷器形制造型上有所突破，我想那是集對文化、工作和創作嚴謹以待的恭敬使然，按部就班，精益求精。

大題大做，大尺寸，將幾年積累的功力，集中在每個出擊的拳頭上。按掌握銅器文化恢宏意象的設計圖稿後，展開原形製作。原形的雕製一向是最得意的部分，當然在設計上要凸顯這份能耐，刻意摒棄圓形圓柱等容易完成的形式，以平面、線條流暢精準，建構時代的磅礴和剛毅，直指銅器廟堂的大氣，設定在每段工序環節上，都能發出累積多年老妖精的純熟功力。

商周銅器蘊含莊重神聖的霸氣和寬宏大量的包容，有著飽滿厚實的母體承載和陰鬱莊嚴的父親威儀，從食器到禮器，由地母到天父，尊天敬地；這是中華文化從新石器時代以來，八千年形制演變中，甚至人類器皿造型的發展上，絕對最最壯麗輝煌的一頁，不僅在表面上，它們更結構性地深植文化的封建基因，將千年古國鑄得深刻有力，在傳承的議題上，絕對值得再三關注的；它充分顯示著朝代的格局氣魄、典章制度、禮儀規矩、科學工藝等的高度和完整，十足地顯露中華民族浩瀚博大的優秀早熟基因。《鼎頂大禮》系列作品即在此意象上，從中尋找與「明白」對接，明亮俐落的複合體，其中有更多母親的寬容溫暖和父親的倔強威嚴，期望在更爽朗而明亮的父母意象中，延續在心中慈祥和嚴謹典範的永久記憶。

這一系列作品是長年從事工藝創作時的心境感懷，面對幾千年以來博大精深的文物成績，映照自己在一場又一場努力突破製成瓶頸的狼狽時，意識中不禁升起這群古代巨匠們武將般的威猛身影，那是從水深火熱挺身而出的雄偉和從容，不同材質不同典範，這系列作品算是另類學習之旅，溫故知新，企圖深究觸及他們曾經面對各種工藝挑釁時惡戰的魂魄；以工藝、科技和風格含量最高的銅器文化做為創造藍本，承前啟後，形式上循此浩然脈絡帶出當今的尊嚴，態度上藉瓷的材料向前輩巨匠致敬，同時也體驗克服艱巨工藝時所必備的身心條件，雖然也曾在工藝創造上歷經滄桑，但總覺得此番工程規劃更具儀式感，在驗證十年投身瓷器所得之餘，期許這場科技、傳承、材質和創新上誠意和堅持的古今映照下，明白 高度的意涵。

而整合後的元素和意象，讓這些禮器瑰寶從深沉的色澤、厚重的意象、廟堂的肅穆，承先啟後，來到挺拔的明亮、沉靜的肌理、殿堂的自信。懷古畢恭畢敬，創新得寸進尺，《鼎頂大禮》剛柔並進，慈母嚴父，至情至敬。

十年來，且戰且走，懵懂的依然曖昧不明，創作永遠有意無意引領人到陌生的邊陲地帶茫然徘徊，每次的創新總要停停走走，摸索一陣才能順暢；

作品《鼎禮》上半身是「斝」八瓣造形盛裝的腔體機能，八個飾有饕餮紋的提耳環繞擁抱，井然也森然，結合頂蓋八根聳立的支柱，陰陽剛柔相應羅列律動，更顯得嚴謹又隆重；而演繹自「甗」的下半部豐圓錐體造型，以平面線條詮釋，外沿身段輪廓化為簡練有力率直剛健的兩足，以「鼎」出了作品昂然自得的氣韻和頂天立地的豪氣，神態雍容寬厚、飽滿華麗。

三年的走訪尋找代工廠，投石問路也順路壯膽，一年設廠後的熱身準備，到我加入六年一路走來，原以為可以早日加足馬力好好全面衝刺，但創作提供的永遠是變數，那是層出不窮的問題和狀況，讓你只好調整步伐，先從最根本的工藝做穩，卻更能顯示，這技藝可愛的有機魅力，教人摸不透。

明確精準的造型當然是挑戰，但如果上些顏色或許還好，偏偏要又先燒透明釉的白色，當初同行無不提心吊膽，一是工藝可否過關，確實驚險，相較於玻璃的製作，這趟航行可難走多了，第二年才開始能撥雲見日，露出些曙光，完成的也只是簡單的小作品，現在是有些火候，但路依然崎嶇、目標依然遙遠；二是風格可否一致，的確不僅只是做好東西，更要緊是做對東西，這份承先啟後和與時俱進的風格，必須有其純正血統的文化脈絡。

諸神的眷顧

曾遇地方領導帶了兩位專家來訪，靳氏兄弟，名片寫著「北京景德鎮陶瓷博物館」館長，說重要的國際陶瓷拍賣都得請他們出馬，此次或許是為再確定我這番瓷航意義和價值的所在而來的吧。還好沒出差錯，靳館長在驚嘆瓷器如此變革之餘，打破僵局的第一句話：「最難能可貴是承前啟後所掌握中華瓷器文化的一貫優雅。」行家果然一語道破，其實循「官窯的浪漫，美學的現實」的宗旨原則，不停交錯著咀嚼每個創意的風味，就在這八千年形制身影的自信中，也在求正不求奇的規範內，拿捏歷代殿堂的精髓，為繼往開來的工作找到精準的依歸，所以既要在技術和創意交手，更要不斷和線條對話，即使能有七十二變，時代優雅仍要帶出文化家譜的風情。

《論語為政》子曰：「溫故而知新，可以為師矣。」千年的瓷藝所以雋永流長，必乘載著世代累積美感經驗與精神智慧的精鍊魂魄，世界再怎麼變，還是有因、果相生的道理，要精準體察亙古長存的瓷藝精隨，可得好好咀嚼這優雅的火候所遺留的傳統。

期間第二波鼓吹文化創意產業的聲浪再度掀起，在某些專業的領域由於「八方新氣」的特殊風情，常受邀公開場合或大學的EMBA課堂講演，就創意和品牌的策略定位做些交流說明。或許過去和玻璃意象聯結太緊密，我的介紹還是停留在「琉園」的創意總監，甚至有些人說我的玻璃作品和過去氣質不同，其實我已經完全停止玻璃創作將近六年了。

二〇一二年四月前「中華民國陶藝協會」理事長蘇正立來電，說上海將成立「中華陶瓷大師聯盟」，希望我能擔任該協會全球四個海外顧問之一。有鑑於房市股市低迷和風險，以及古董瓷器贗品的充斥，由一群熱心的陶瓷專家發動組織一個平台，這平台集陶瓷大師、專家學者、收藏家、拍賣公司、銀行、電視頻道和雜誌媒體，希望有更多的關注和資源能挹注到當代瓷器作品上；後來與其中核心推手夏高生、謝賽玖等幾位正副會長見面，看到他們兩百多坪的專屬展廳，一系列展覽、講演、拍賣等推廣活動，規劃推動有聲有色，真令人羨慕和佩服；當時我說：「台灣人都不大知道我在做瓷器，他們怎麼知道？」「他們把你當作神。」蘇正立如是說。

臨時廠房待了兩年，二〇一〇年一千五百坪的新廠峻工，偌大的空間拉出另一波新的氣象和雄心，菜鳥成了老鳥，仗著人多勢眾和基本功的熟悉，開始大件作品的創作。大就有重量、成形、乾溼、均溫、操作的各種問題產生，那是等比級數的麻煩要面對，《鳳鳴八方》系列、《世紀豪情》系列就費了整整兩年才大功告成，歷經這場征戰，以為脫胎換骨了，其實不然。

此時我會想到蘇正立說的「神」這個字眼，總覺得自己是常被遺忘的一個，每件作品似乎依然需要神的眷顧關愛；一般好的瓷器成功率約八成，我們的不足三成，而大件作品無不在個位數的前段班徘徊，不同造型結構衍生不同的障礙，永遠是全新的開始，但研發就是這麼回事，時代的美感進化，工藝的創新可能是不能怠惰的。

一向喜愛支特我們台中的梁會長，他訂購的《福滿堂》系列作品其中的《一世情》，一年多了，就為它細緻的窗花格子完美而雋永的雅緻，和左右展開大平面傲岸而沉靜的風範，九十餘次交手，還得一次又一次地向上天禱告，別再裂了也別再扭曲，真是慚愧；台北天母游先生訂製的《日新又新》，兩年了，也是一關難過一關地一遍又一遍重燒，而依然期待著神的奇蹟降臨……

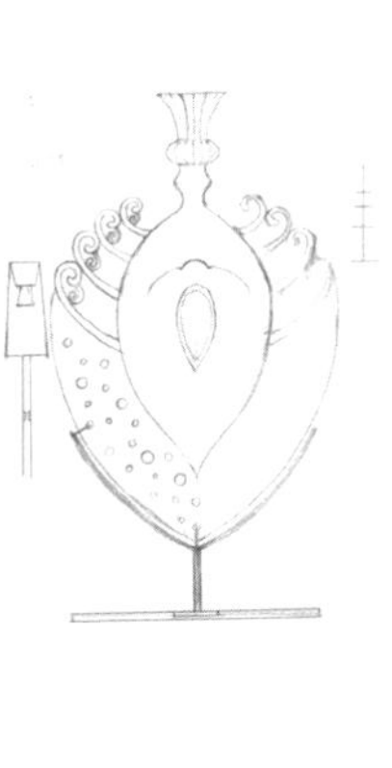

左圖為《鳳鳴八方》的設計草圖。儘管不再是這個領域的菜鳥，但這個作品整整花了兩年才大功告成。

想起當初做玻璃，選擇「脫蠟鑄造法」，很容易與歐洲玻璃大國所慣用的吹製、切割雕花手法形成區隔，不同的溫度發展了不同的製成工序，要走人煙罕至的玻璃工藝之路畢竟還是多些選擇，用不同手法的結合即可呈現明顯的差異，但瓷器要走出自己的路，工序就只這麼一種，泥坯陰乾後進爐燒，要在這谷關狹道裡找出路，的確吃力，想要創新必然要有永不放棄的氣力來闖，因為它總會耍出你招架不住的戲法，讓人迷惑、疲憊、膠著……想要解套，只能留下繼續奮戰，終會找到出關見天日的門路。這樣從混沌到明白的境界，確實讓人帶著興奮的激情期待著，知道昂然精進才是解密法寶，而創新的高度就是如此，無邊無際卻也生機無窮。

二〇一三年「中國國務院」所屬的「華商韜略出版社」，編撰了《華人智造者》一書，我很榮幸雀屏入選為全球五十位華人，創意、創新領袖人物之一，並以「中華瓷器文化復興者」為標題刊出，有關瓷器就美學、工藝革新的故事，這具份量的角色定位，立即讓我想到《圓好夢》這件作品，它藉著明白的色澤和精神，讓沉重而龐大的目標有了輕的觀點和解答，好像說因果就是這樣簡單的邏輯，從一個小圓圈的壺鈕到大圓壺身，只要按部就班做就成了。

《圓好夢》這件作品藉著明白的色澤和精神，讓沉重而龐大的目標有了輕的觀點和解答，好像說因果就是這樣簡單的邏輯，從一個小圓圈的壺鈕到大圓壺身，只要按部就班做就成了。

想來，撲向陌生的戰境絕不是基因，只是因對美的不滿足、味的不到味、安於現狀的習性令人坐立不安，因此此時創新的風格方向對錯並不重要，總要有人開始，就像玻璃有了開始，自此百花齊放，傳承得以再續。而為實踐富而好禮考究舉止的理念，並進而能尋獲生活多樣豐美質感的渴望，讓我不得不走進偏廢許久的小路，絕非為工藝而工藝，自找麻煩，相信愛物也能及烏，一如祖母選擇的精美所帶動惜福的情懷，這是「明白」的精神和主張；倒是為和我一樣不時要被挑戰所磨難的伙伴的激情，又多了一則更冠冕堂皇的傳奇說法。如今，悲情的色彩逐漸少了，期許能早日展開演藝事業般的情節效果，以美感和體驗帶動些不同的生活探險。

老子說：「見小曰明，守柔曰強，用其光，復歸其明，無遺身殃，是為襲常。」（**註**）

面對紙是行雲流水，心情自由，手上的筆常是欲罷不能，一飄千里，每條細線連接著機會，每張單薄的圖稿勾勒明白活潑多元的生活藍圖，而明白努力突破的意義。面對泥則是如履薄冰，神情肅然，進程遲緩，內容繁瑣；感受卻是深遠神聖的浪漫，步步踏實，這是傳承的激情，沒有盡頭，它一聲

註：老子所言，可譯為：能看到隱微的道理才是明者，能堅守柔弱的信念才是強者，利用對事物現況的認知，反證事物的本源，就能了解一切事理的真相，自然而然不會出錯，習以為常，是為道。

不響地構築新的希望，在式微的產業努力找回力量。想像與實踐，快輕與緩重，有志一同，都為老傳統尋找新的視野、新的路徑，而在每件成功的作品，驗證知易行難的喜悅，這是聽天命後一段波濤洶湧「瓷航」的收穫，雖然「只有行動才是硬道理」的說法陳舊了，但還是硬的。

無論從什麼角度切入瓷器的創作，表面的筆墨光彩也罷，還是骨子裡的結構改造，靜的，要呈現與時俱進的時代印記，讓觀賞者有今夕是何夕的現實感，相較那份對文物帶有塵灰的緬懷和景仰，此刻就能感受更多明亮的真情和活力；動的，必須能超越傳統的設計概念，那是美麗和功能之上的，讓使用者身心能藉瓷器美好的質感和意象，體驗豐沛的生活歡喜，並喚醒沉睡多時的身心感知，這是深切的自我期許。

國家圖書館出版品預行編目(CIP)資料

明白學 / 王俠軍著. -- 初版. -- 臺北市 : 大塊文化, 2014.01

面；　公分. -- (catch ; 204)

ISBN 978-986-213-499-3(平裝)

1.職場成功法 2.創意

494.35　　102025732